DONGHAIQU ZHENXISHUISHENGDONGWU TUJIAN

东海区珍稀水生动物图鉴

赵盛龙 等著

同濟大學出版社
TONGJI UNIVERSITY PRESS

序

东海区海域辽阔，海域面积70多万平方公里；河流众多，径流丰富；地跨温带、亚热带气候，多样的生态环境为水生野生动物的生存繁衍提供了极为优越的自然条件。东海区水生生物具有种类众多、资源丰富、特有性高、孑遗物种数量大等特点，生态、科研、经济和文化价值极高，在我国乃至世界野生动物和生物多样性研究中占有非常突出的地位。

生物是人类的朋友，但是每当人们欢呼在征服自然中取得巨大胜利的时候，蓦然发现物种灭绝的速度正在不断加快。众所周知，物种的灭绝具有不可逆转性，而且还对生物链上一系列物种构成威胁，并将威胁到人类自身的安全。长期以来，国家十分重视水生野生动物保护工作，先后颁布和实施了《中华人民共和国野生动物保护法》、《中华人民共和国水生野生动物保护实施条例》等系列法律法规、规章制度和规范性文件，强化了对水生野生动物资源的保护管理。东海区各级地方政府和渔业行政主管部门在水生野生动物重要分布区和栖息地，建立了20个自然保护区，保护珍稀濒危水生野生动物及其生存环境；开展了珍稀水生野生动物的救护、繁殖和增殖等一系列工作，对维护生物多样性，改善生态环境，促进经济和社会可持续发展作出了贡献，为我国树立了负责任的良好国际形象。

但随着社会经济的发展和人口的快速增长，水生野生动物及其自然生存环境发生了很大的变化，加之水生野生动物具有较高的经济价值，一些不法分子大肆非法捕捉、收购、贩卖、经营利用，走私珍贵、濒危物种及其产品，违法犯罪活动日益严重，使一些已处于濒危状态的物种因此受到毁灭性的打击。

由于东海区水生野生动物种类繁多，识别难度大，管理和保护任务繁重，需要全社会共同努力。编写此书，目的是从中小学生入手，为全面开展科普教育提供教材，同时，也可为广大渔业行政执法部门和司法执法部门提供工具，而且还可为科研部门开展科学研究提供参考。

本书编写工作得到了农业部渔业局、渔政指挥中心的大力支持，也得到了有关水生野生动物保护管理工作者、专家和学者的大力支持和无私帮助。此外，本书编写过程中得到了伍汉霖、黄硕琳、樊祥国、郑元甲、杨圣云、钟俊生、戴小杰、尤仲杰等专家的指导，同时也得到了《东海区主要渔场重要渔业资源调查与评估》（2007BAD43B01)国家支撑计划课题的资助，在此一并表示感谢。

由于经验有限，时间仓促，疏漏之处难免，敬请广大读者批评指正。

2009年7月

本 书 编 委 会

主 编 单 位：农业部东海区渔政局
浙江海洋学院

编委会主任：李富荣　农业部东海区渔政局　局长
编委会副主任：张秋华　农业部东海区渔政局　副局长
钟小金　农业部东海区渔政局　副局长

策　　划：俞国平　徐汉祥
编　　著：赵盛龙　徐汉祥　俞国平
统　　稿：赵盛龙

目录

一/鲸 类

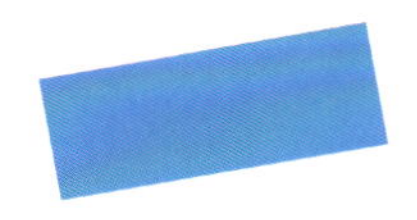

二/海兽类

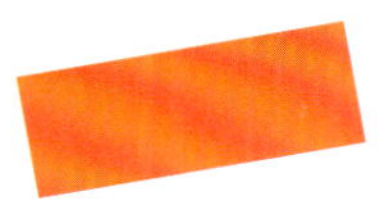

三/海龟类

四/海蛇类

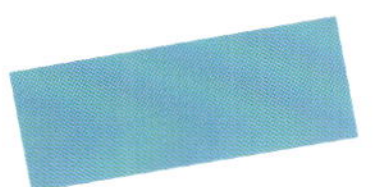

五/鱼　类

82/长臂灰鲭鲨 *Isurus paucus*
83/斑纹须鲨 *Orectolobus maculatus*
84/印度斑竹鲨 *Chiloscyllium indicum*
85/点纹斑竹鲨 *Chiloscyllium punctatum*
86/豹纹鲨 *Stegostoma fasciatum*
87/鲸鲨 *Rhincodon typus*
88/阴影绒毛鲨 *Cephaloscyllium isabellum*
89/下灰鲨 *Hypogaleus hyugaensis*
90/小孔沙条鲨 *Hemigaleus microstoma*
91/半锯鲨 *Hemipristis elongatus*
92/短尾真鲨 *Carcharhinus brachyurus*
93/直齿真鲨 *Carcharhinus brevipinna*
94/镰形真鲨 *Carcharhinus falciformis*
95/公牛真鲨 *Carcharhinus leucas*
96/侧条真鲨 *Carcharhinus limbatus*
97/长鳍真鲨 *Carcharhinus longimanus*
98/乌翅真鲨 *Carcharhinus melanopterus*
99/黑印真鲨 *Carcharhinus menisorrah*
100/暗体真鲨 *Carcharhinus obscurus*
101/阔口真鲨 *Carcharhinus plumbeus*
102/鼬鲨 *Galeocerdo cuvier*
103/长吻基齿鲨 *Carcharhinus macloti*
104/恒河鲨 *Glyphis gangeticus*
105/大青鲨 *Prionace glauca*
106/尖吻鲨 *Rhizoprionodon acutus*
107/锤头双髻鲨 *Sphyrna zygaena*
108/笠鳞棘鲨 *Echinorhinus cookei*
109/针刺鲨 *Centrophorus acus*
110/台湾刺鲨 *Centrophorus niaukang*
111/叶鳞刺鲨 *Centrophorus squamosus*
112/欧氏荆鲨 *Centroscymnus owstoni*
113/须角鲨 *Cirrhigaleus barbifer*
114/田氏鲨 *Deania calcea*
115/巴西达摩鲨 *Isistius brasiliensis*
116/阿里小角鲨 *Squaliolus aliae*
117/白斑角鲨 *Squalus acanthias*
118/日本锯鲨 *Pristiophorus japonicus*
119/尖齿锯鳐 *Pristis cuspidatus*
120/圆犁头鳐 *Rhina ancylostoma*
121/台湾犁头鳐 *Rhinobatos formosensis*
122/颗粒犁头鳐 *Rhinobatos granulatus*
123/褐黄扁魟 *Urolophus aurantiacus*
124/达氏巨尾魟 *Plesiobatis daviesi*
125/尖嘴魟 *Dasyatis zugei*
126/黑斑条尾魟 *Taeniura meyeni*
127/条尾鸢魟 *Aetoplatea zonura*
128/花点无刺鲼 *Aetomylaeus maculatus*
129/聂氏无刺鲼 *Aetomylaeus nichofii*
130/蝠状无刺鲼 *Aetomylaeus vespertilio*
131/无斑鹞鲼 *Aetobatus flagellum*
132/斑点鹞鲼 *Aetobatus narinari*
133/爪哇牛鼻鲼 *Rhinoptera javanica*
134/双吻前口蝠鲼 *Manta birostris*
135/日本蝠鲼 *Mobula japanica*
136/无刺蝠鲼 *Mobula mobular*
137/后鳍尖吻银鲛 *Harriotta opisthoptera*
138/太平洋吻银鲛 *Rhinochimaera pacifica*
139/中华鲟 *Acipenser sinensis*
140/达氏鲟 *Acipenser dabryanus*
141/白鲟 *Psephurus gladius*
142/鲥鱼 *Macrura reevesi*

六/贝壳类

七/甲壳类

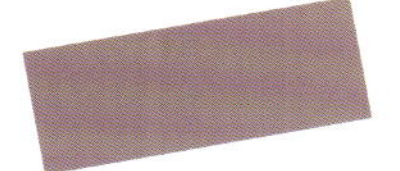

八/珊瑚类

鲸类（Whale and Dolphin）

鲸类因生活于水中，体形又与鱼类相似，故习惯中一直称为鲸鱼，但鲸类具胎生、哺乳、恒温及用肺呼吸等哺乳动物的特征，与鱼类有根本区别。其实仔细看，外形与鱼类也有明显的不同，如鲸类的尾叶呈水平状，皮肤裸露不被鳞片，头顶具呼吸孔（俗称喷水孔）而没有头后两侧或头部腹面的鳃孔……

全球已发现的鲸类约有90种，绝大部分生活于海洋，虽同属于哺乳纲中的鲸目，但它们之间的身体结构、个体大小以及生活习性也相差很大。传统的分类方法是以身体结构作为依据，将鲸类分为有须无齿的须鲸和有齿无须的齿鲸两个亚目。

须鲸类动物种类不多，只有10余种，但个体都很大，最小的种类体长通常也在6m以上，如蓝鲸最长可达33m，体重170t，堪称地球上的超级动物。其最主要的特征是口中没有牙齿，而在上颌左右两侧各有150～400片，呈梳状排列的角质须板；呼吸孔2个，位于头顶，呼吸换气时可以喷出两股水柱。

齿鲸动物的种类繁多，约有70多种，除了口中没有须板、或多或少有牙齿、呼吸孔仅1个等共同特征外，个体大小相差很大。最大的是抹香鲸，体长可达20m，其次是虎鲸也有8～9m，但此外绝大部分种类的个体都在1m左右。传统习惯中这一类小个体的鲸称作“豚”（Dolphin），而须鲸类以及齿鲸类中的抹香鲸、虎鲸等大个体的鲸，称作“鲸鱼”（Whale）。

鲸

(1)北太平洋露脊鲸

Eubalaena japonica (Lacepède, 1818)

【汉语拼音】 běi tài píng yáng lù jǐ jīng 【英文名】 Right whale, North pacific stock
【别　　名】 黑露脊鲸、瘤头鲸、北露脊鲸、真黑鲸、弓头鲸
【同物异名】 *Eubalaena glacialis, Balaena japonica*
【分类地位】 鲸目 Cetacea，须鲸亚目 Mysticeti，露脊鲸科 Blaenidae

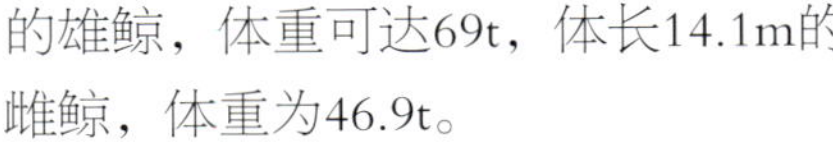

【形态特征】 体型肥大、粗短。头大，**头部上下长有黄色、白色或红色的粗糙皮疣（也称角质瘤、胼胝体、“帽”等，通常为鲸虱的居住之处）**，其中尤以上颌前端2个为大，下颌前端两侧及呼吸孔之后的瘤次之。**上颌背面观很窄，下颌侧面呈显著弓形弯曲**。须板细长而柔软，每侧200~270片，成体须长可达2.9m。呼吸孔2个，略呈“八”字形，相隔很远。**腹部平滑无褶沟。无背鳍**，鳍肢短而宽阔，略呈铲状。尾叶宽，向两端渐尖，后缘平滑，中央凹刻明显。

幼体呈蓝灰色或稍淡，随着生长体色会渐深，至成体变为深蓝黑或黑色，仅腹部的脐周围常有不规则白色斑块。鲸须呈橄榄黑色。舌小而厚，略呈灰蓝色。

【生物与生态学特性】 本种游速很慢，一般不超过9km/h。通常每分钟呼吸2~3次，呼气时喷出雾柱高在4~8m间，呈“V”形散落。潜水深度通常在50m以内。食性很窄，主食小型甲壳类中的桡足类。发情期约半年，通常在2~4月交配，孕期约12个月，每胎1仔，哺乳期约1年，生殖间隔约3年。初生幼鲸体长4.0~4.5m。成体体长通常有15~18m。黄海北部曾捕获过最大雌鲸，体长18m。据报道，体长17.1m的雄鲸，体重可达69t，体长14.1m的雌鲸，体重为46.9t。

【分布】 广泛分布于北纬25°~60°之间的北太平洋温带和亚极带海域，繁殖季节常出现在大陆或岛屿的浅水区域。我国黄海、东海和南海及台湾以东海域偶有出现。

【现状与保护】 列入《濒危野生动植物种国际贸易公约》(CITES)①附录I，世界自然保护联盟(IUCN)②列为濒危物种，现为我国Ⅱ级保护动物③。

图1-2 捕食中的北太平洋露脊鲸
(依NOAA Fisheries)

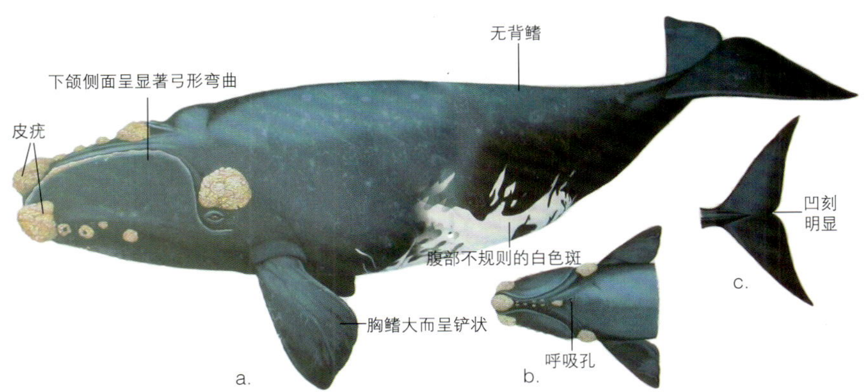

图1-1 北太平洋露脊鲸*Eubalaena japonica* a.外形 b.头部背面 c.尾叶 (依Carwardine,M.)

①濒危野生动植物种国际贸易公约(Convention on International Trade in Endangered Species of Wild Fauna and Flora)，简称CITES，2005年版。
②世界自然保护联盟(International Union for Conservation of Nature and Natural Resources)，简称IUCN，2007年版。
③国家重点保护野生动物名录(CHNRED)，1988年12月10日国务院批准，1989年1月14日林业部、农业部发布。

(2) 灰鲸

Eschrichtius robustus (Lilljeborg, 1861)

【汉语拼音】 huī jīng 【英文名】 Grayback, Gray whale
【别　　名】 克鲸、腹沟鲸
【同物异名】 *Rhachianectes glaucus, Eschrichtius gibbosus*
【分类地位】 鲸目 Cetacea，须鲸亚目 Mysticeti，灰鲸科 Eschrichthdae

【形态特征】 **体较粗壮。头部窄，背面观呈尖三角形，侧面观呼吸孔前略有突起。**上下颌略呈弧状，两颌均具触须。喉部常有2~7道呈“V”形或平行的“槽”状喉沟，无褶沟。舌狭而厚，前端灰色，其余部分为粉红色。须板厚实，每侧140~180片，须毛粗糙，呈淡黄色，成体须长可达0.4~0.5m。**无明显背鳍，**体后部的背中线有7~15个小的驼峰状隆起物，**第一个稍大，常被认为是低矮的背鳍。鳍肢小，呈桨状。**尾叶后缘常呈平滑的“S”字形，中央凹刻深。

全身呈灰色、暗灰色或蓝灰色，腹面的颜色较淡，常杂有白、黄或橙色斑。体表有许多凹凸不平，或呈白色的附着物，其中有的为藤壶寄生所致，或鲸虱聚集而成，也有些是被虎鲸咬伤后而留下的疤痕。

图2-1　须板

图2-2　呼吸孔周围的寄生突起

图2-3　与虎鲸殊死一搏

【生物与生态学特性】 为离岸最近的鲸类之一，性情活跃，喜乘浪而行，常见跃身击浪，或侧卧海面，在空中划动鳍肢。通常多为3头以下的小群活动，但在洄游时也会集成16头左右的大群，或在繁殖或在摄食时形成更大群。游速较慢，一般为4~9km/h，但在受惊吓时游速可达16km/h。迁移时，每次潜水3~5min，有人曾观察到最长潜水时间可达18min，最大潜水深度记录为120m。潜水之后会喷气3~6次，每次间隔15~30s，从前往后看，喷出的雾柱呈心形，高达3~4m。在繁殖或摄食时，常会发出“哼哼”声。

通常2~3年繁殖一次，1-2月交配，妊娠期约13.5个月，每胎产1仔。初生幼鲸体长为4.5~5.0m，哺乳期为7个月。幼鲸生长迅速，一年后体长可达9m，性成熟年龄平均为8年。成年灰鲸体长10~15m，最大体重约30t。主要以浮游性小型甲壳类、鱼卵以及其他小型群游鱼类为食。

【分布】 有长距离迁移的习性。在太平洋一侧有2个种群，其中西北太平洋种群夏季在鄂霍次克海，秋季通过鞑靼海峡南下，到广东省和海南省海域越冬。据Omnura(1988)分析，该种群在通过鞑靼海峡，循俄罗斯东部沿岸南下到朝鲜半岛南端后，向西横渡东海至中国沿岸，再继续南下到达在南海的产仔场，同时一部分进入黄海，沿朝鲜半岛西岸至辽宁近海后，再继续南下。

【现状与保护】 由于捕猎过量，北大西洋种群已经灭绝，北太平洋种群数量也在急剧下降，近于消失。现列入《濒危野生动植物种国际贸易公约》**(CITES)**附录Ⅰ，世界自然保护联盟**(IUCN)**列为低危物种，我国为Ⅱ级保护动物。

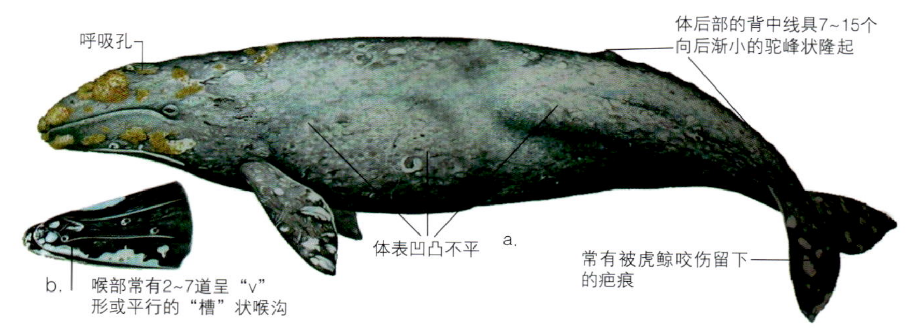

图2-4　灰鲸*Eschrichtius robustus*　a.外形　b.头部腹面（依Carwardine,M.）

(3) 大翅鲸

Megaptera novaeangliae (Borowski, 1781)

【汉语拼音】 dà chì jīng 【英文名】 Humpback whale
【别 名】 座头鲸、驼背鲸
【同物异名】 *Balaena novaeangliae, Megaptera nodosa*
【分类地位】 鲸目 Cetacea，须鲸亚目 Mysticeti，须鲸科 Balaenopteridae

【形态特征】 体肥大，头部约占体长的29%。头部沿**呼吸孔至吻端具1条纵脊，纵脊、上下颌两侧及周围均有多个瘤状突起(节瘤)**，其数量和形状常有变化。上颌广阔，下颌后部弓状突起。每侧须板270~400片。腹面自颏部至脐部具**腹褶12~36条**。背鳍小，位于体后身长的2/3处，其后有**若干驼峰状小隆起物。鳍肢非常大，约为体长的1/3，为鲸类中最大者**，故名大翅鲸。鳍肢**前缘具锯齿状的不规则节瘤**。尾叶宽大，**外缘亦呈不规则锯齿状**。

体色在不同个体中变异较大，通常背部黑色，并有黑色斑纹，腹部黑色或白色。鳍肢上方白色部分多于黑色部分，下方白色。尾叶腹面白色，边缘黑色。须板和须毛皆为黑灰色。

【生物与生态学特性】 通常2~3头结对伴游，索饵或繁殖区域可形成较大的群。游泳速度较慢，一般2.8~14.3km/h，受惊吓时最快达27km/h。呼吸时喷出的雾柱粗矮，高4~5m。深潜水前常露出巨大的尾叶，或将体躯跃出水面，或侧身竖起一侧鳍肢。在洄游或繁殖期，会不断发出低沉、浑厚的歌声，曾被称为“海妖之歌”。主食小型甲壳类和群游性小型鱼类。成体体长11~16m，最大个体长为18m，体重在35t以上，通常雌性略大于雄性。性成熟年龄一般4~5年，生殖间隔2~3年，妊娠期11~12个月，每胎产1仔。初生幼鲸体长4~5m，哺乳期6~10个月，断乳时幼鲸的体长已达8~9m。

【分布】 分布于北太平洋、北大西洋及南半球。秋季游向热带的繁殖场，春季向极带或亚极带区域洄游，穿越大洋，到达两半球冰群边缘的索饵场。我国黄海、东海、南海常有发现。

图3-1 大翅鲸外形*Megaptera novaeangliae* (依Carwardine,M.等)

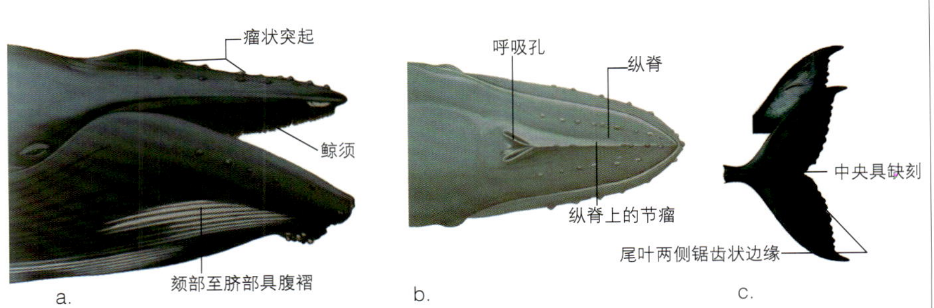

图3-2 大翅鲸*Megaptera novaeangliae* a.头部侧面 b.头部背面 c.尾叶 (依Carwardine,M.)

【现状与保护】 已列入《濒危野生动植物种国际贸易公约》**(CITES)**中的附录I，世界自然保护联盟**(IUCN)**列为易危物种，《中国物种红色名录》[①]中列为极危物种，现为我国Ⅱ级保护动物。

①《中国物种红色名录》，2004年版。

(6) 塞鲸

Balaenoptera borealis (Lesson, 1828)

【汉语拼音】 sāi jīng 【英文名】 Sei whale
【别　名】 鳁鲸、大须鲸、鳕鲸、北须鲸
【分类地位】 鲸目 Cetacea，须鲸亚目 Mysticeti，须鲸科 Balaenopteridae

【形态特征】 外形与布氏鲸相似，但**头背部仅1条纵脊**，呼吸孔与吻部间的头部略弯。口大，稍呈弧形，每侧须板300~400片。**褶沟32~60条**，自颏部**延伸至鳍肢稍后，但不达脐部**。尾部厚实、粗壮。**背鳍小型，位于体后半部**，呈直立状（较本科中的其他种类更前倾），尖端后弯，**其后无小的驼峰状隆起，但有1条明显的隆脊**。鳍肢细小，末端尖，背面的颜色深。尾叶宽大，中央具明显凹刻。

背部与体侧呈蓝灰、暗灰或黑色，腹面与侧面常因寄生虫、七鳃鳗或乌鲨等啃咬所造成的灰白或白色的环状斑驳疤痕。**须板灰黑色，须毛白色**。鳍肢与尾叶的腹面呈灰色。

【生物与生态学特性】 为大洋性鲸类，在近岸海域不常见，平时常单独或成对活动，洄游时则以2~5头为群，偶有数十头的群体，繁殖季节也会出现上百头的集群。在远处观察时，易与长须鲸、布氏鲸等其他的须鲸混同，但本种的潜水次数较其他的须鲸频繁，在海面上的停留时间也长。呼气时喷出的雾柱较稀薄且低矮，高约3m，深潜前不露出尾叶。生殖间隔为2~3年，交配与分娩都在暖水域进行，妊娠期10.5个月，通常在冬季产仔，每产1胎。初生幼鲸体长4.5~4.8m，哺乳期6~7个月，断乳时幼鲸体长可达9m，体重约3.8t。10年后可达性成熟，但完全成熟则要在25岁以后。成体体长有13.6~14.5m，最大记录18.3m，其中雌性稍大，重20~25t。食性广，主食桡足类、磷虾，也摄食沙丁鱼等集群性鱼类以及头足类等。

【分布】 南北两半球从热带至极带均有分布，但比其他须鲸更多出现在中纬度的温带，我国黄海、东海、南海都有发现。

【现状与保护】 列入《濒危野生动植物种国际贸易公约》(**CITES**)附录I，世界自然保护联盟(**IUCN**)及《中国物种红色名录》中均列为濒危物种，现为我国Ⅱ级保护动物。

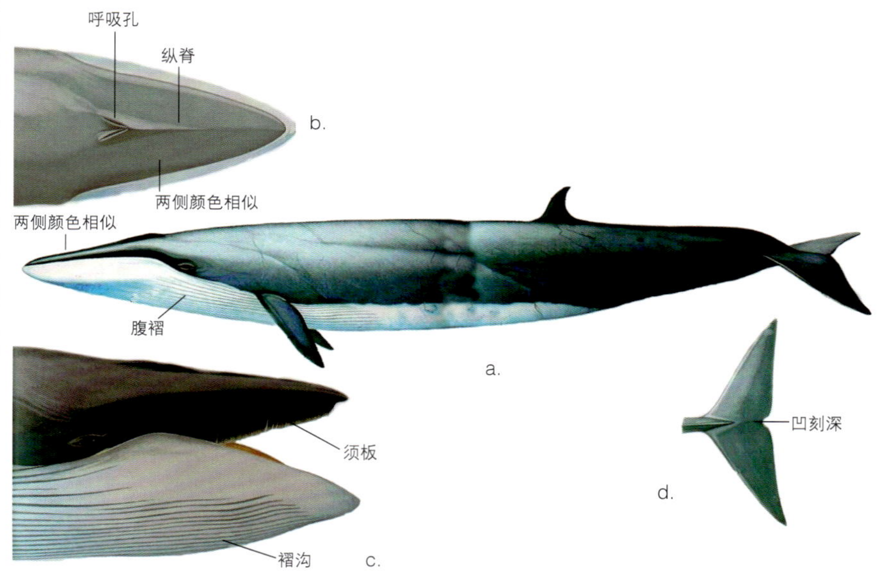

图6 塞鲸*Balaenoptera borealis* a.外形 b.头背视 c.头部侧面 d.尾叶 (依Carwardine,M.)

(7) 长须鲸

Balaenoptera physalus (Linnaeus, 1758)

【汉语拼音】 cháng xū jīng 【英文名】 Fin whale
【别　　名】 鳍鲸
【分类地位】 鲸目 Cetacea，须鲸亚目 Mysticeti，须鲸科 Balaenopteridae

【形态特征】 体修长，呈流线型。背面观头部呈三角形，前端要比蓝鲸尖。眼小，呼吸孔与吻部间的头部平直。口大，下颌突向外侧，每侧须板260~480片，须板长0.7~0.9m。**褶沟50~100条，延伸至脐或稍后方。背鳍小型，镰刀状，位于体后半部**，形状稍有个体差异，**其后无小的驼峰状隆起，但有1条明显的隆脊**。鳍肢小而修长，末端尖，腹面呈白色。尾叶宽大，中间具1深缺刻。

体背部呈银灰、暗灰或棕黑色，向腹面逐渐为纯白色。**头部、**

腹面两侧颜色不对称，右侧的下唇、口腔以及鲸须的一部分呈白色，而左侧全为灰色。有些个体在头部后方两侧具灰白色的“人”字纹，其中右侧较明显。自眼向后、向上各有1条白色纹，鳍肢基上方也有1条浅色弓形纹。

【生物与生态学特性】 长须鲸一般不在近岸活动，近距离观察较为困难。通常夏季在冷水海域索饵，冬季则回到较为温暖的海域繁殖。大多单头或2~3头一起活动，至多10~20头集群（以前有报道曾见100~200头的大群）。进食时游速5~7km/h，洄游时可达22~27km/h，最快时曾测得37km/h。通常每2~3min浅潜后，出水换气约5s，经数次浅潜，会拱起背部进行深呼吸，随后就转为15min左右的深潜，深度可达230m以上。深潜后常将体前部露出水面。呼吸时喷出的雾柱较细长，形似一个倒置的圆锥形，高度可为4~6m。

初生幼鲸体长6.0~6.5m，哺乳期为6~7个月，8~10年后达性成熟。成体长约20m，有报道最大体长达26m，体重95t，在鲸类中仅次于蓝鲸。

喜食磷虾类、糠虾类、桡足类等小型甲壳动物，兼食鲱鱼、秋刀鱼、带鱼等群游性鱼类和一些乌贼等头足类。

【分布】 分布于自南极至北冰洋的世界各海洋中，在我国也偶见于南海、东海和黄海，2005年11月，崇明岛以东的佘山岛(又名蛇山)曾发现了一头长10.5m的长须鲸尸体。

【现状与保护】 由于捕猎过量，现存数量急剧下降，现已列入《濒危野生动植物种国际贸易公约》(CITES)附录Ⅰ，世界自然保护联盟(IUCN)及《中国物种红色名录》中均列为濒危物种，现为我国Ⅱ级保护动物。

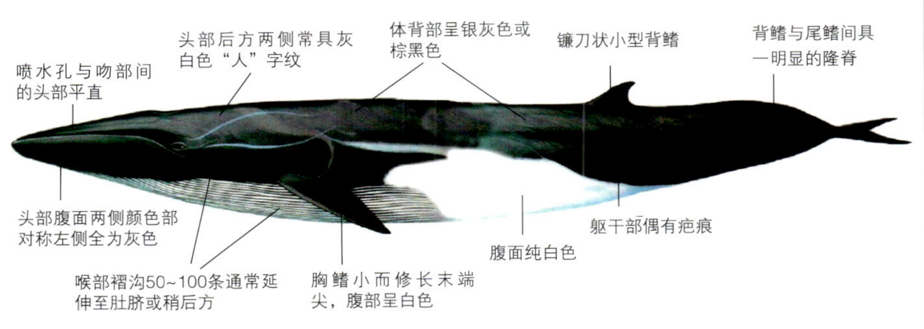

图7 长须鲸*Balaenoptera physalus* (依Carwardine,M.)

(8) 蓝鲸

Balaenoptera musculus (Linnaeus 1758)

【汉语拼音】 lán jīng 【英文名】 Blue whale
【别　　名】 剃刀鲸、白长须鲸
【同物异名】 *Balaena musculus*
【分类地位】 鲸目 Cetacea，须鲸亚目 Mysticeti，须鲸科 Balaenopteridae

【形态特征】 体修长，头长约占体长的1/4。**背面观头部外形呈“U”字形，侧面观为扁平状。呼吸孔至吻端具1条纵脊，环在呼吸孔前方和两侧具一特大且多肉的前卫**（或称“防溅瓣”）。褶沟55~88条，起自喉部，最长者可达到脐部。每侧须板270~390片，须板为所有须鲸中最长，宽0.5~0.55m，长0.9~1.0m，外形大致呈三角形。背鳍小，呈三角形、镰刀形或多变形，位于体后1/4处。鳍肢较长，尾叶宽大，尾叶后缘直，中央凹刻小。

体背呈蓝灰色，口部和须板黑色，腹面稍淡，有时可能因附生一些硅藻而呈现黄色或芥末色。

【生物与生态学特性】 为所有鲸类中个体最大的一种，根据1904-1920年捕于南极海域的蓝鲸统计，最大的一头雌鲸体长达33.58m，体重170t。分布于北大西洋和北太平洋的蓝鲸，雌性体长21~23m，雄性20~21m性成熟，成体体长24~25m，雌性稍大，雄性略小。蓝鲸在冬季繁殖，生殖间隔为2-3年，孕期10~11个月，每次产1仔。初生幼鲸体长约7m，重约6t。哺乳期为6~7个月，断乳时幼鲸体长可达16m。主食磷虾类。索饵时游速为2~6km/h，洄游时为5~33km/h，追逐时最大游速可达48km/h。深潜水可持续10~30min，呼吸时喷出的雾柱狭而直，高可达6~12m。

图8-2 蓝鲸*Balaenoptera musculus* a.喷出的雾柱 b.骨架标本
(依http://www.dkimages.com/discover/previews等)

【分布】 世界性分布，以南极海域数量为最多，主要生活于水温5~20℃的温带和寒带水域，我国曾见于黄海和台湾海域。

【现状与保护】 有人估计，海洋未大规模开发前，全球有蓝鲸至少20多万头，由于有些国家的竞相滥捕，蓝鲸数量急剧下降，仅1930-1931年度，就有约3万头蓝鲸遭捕杀。1966年国际捕鲸委员会已宣布蓝鲸为禁捕对象。现存蓝鲸为数不多，濒临灭绝。

已列入《濒危野生动植物种国际贸易公约》(CITES)附录I，世界自然保护联盟(IUCN)列为濒危物种，《中国物种红色名录》中列为极危物种，现为我国Ⅱ级保护动物。

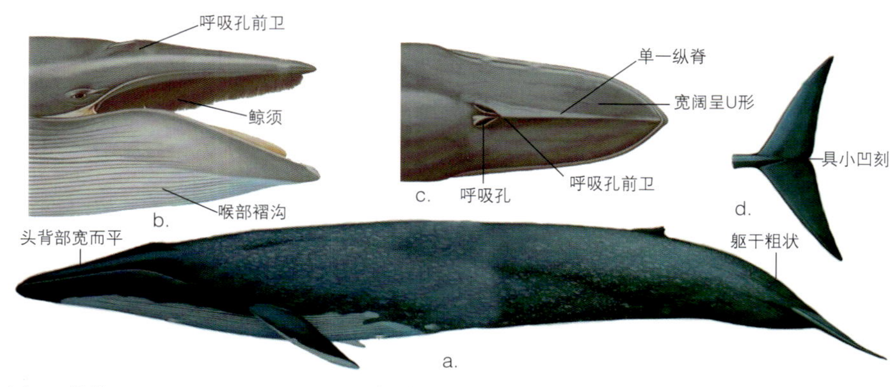

图8 蓝鲸*Balaenoptera musculus* a.外形 b.头部侧面 c.头部背面 d.尾叶 (依Carwardine,M.)

(9) 抹香鲸

Physeter macrocephalus Linnaeus, 1758

【汉语拼音】 mǒ xiāng jīng 【英文名】 Sperm whale
【别　　名】 巨头鲸
【同物异名】 *Physeter catodon*
【分类地位】 鲸目 Cetacea，齿鲸亚目 Odontoceti，抹香鲸科 Physeteridae

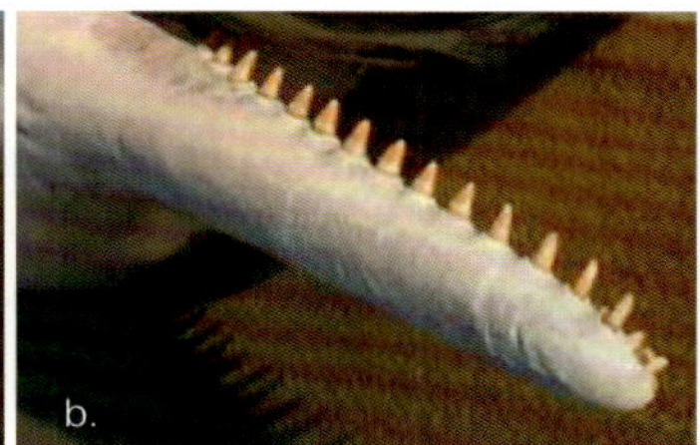

图9-1 抹香鲸*Physeter macrocephalus*下颌及齿 (依http://www.wwfpacific.org.fj/)

【形态特征】 **头部巨大，呈箱形**，为体长的1/4~1/3，故有巨头鲸之称。**呼吸孔1个，位于头部左前端，呈"S"形。下颌位于头部腹面，小而狭长，前端甚尖**，成体的下颌**距吻端有1.5m，闭口时难得看到**。下颌每侧有大型圆锥齿20~28枚，上颌齿退化不显露。**背鳍小，仅为背脊后方的一个低而圆或三角形的大型瘤状隆起物，其后至尾叶基部有一列很低的小隆起物。尾柄下部有突出的"龙骨突"**。鳍肢短小，呈椭圆形。尾叶较大，三角形，后缘平直，中央凹刻明显。

背部黑色或灰褐色，两侧稍淡，腹部近似银灰色，间有白斑，口角处为白色。

【生物与生态学特性】 为最大的一种齿鲸，成体雄性体长15~20m，雌性体长10~15m。雄性最大体重可达57t，雌性体重24t。10龄雄鲸性成熟，雌性为7~13龄不等。生殖间隔3~5年，妊娠期15~16个月，每胎产1仔。初生幼鲸体长3.5~4.5m，哺乳期约13个月，断乳时幼鲸体长约6.7m。喜群居，且其集群系一雄多雌，有争偶现象。呼气时喷出的雾柱向前偏左，高达4~5m。善潜水，可长达1h，但一般在45min以内，潜水深度可达1000~1800m。主要以大型头足类及底栖鱼类为食。

【分布】 本种鲸分布极广，世界各大洋都有分布，但却不太连续，倾向于集中在某些地区，大陆架边缘的海底峡谷最为常见，偶尔也在200m深以内的近海出现。夏季通常向两极迁徙，老雄鲸迁徙至极地冰区的边缘为止，而雌鲸与幼鲸一般在南纬45°~北纬42°，冬季大多在温带及热带海域，有些种群则为定栖性。我国黄海、东海、南海都偶有出现。

【现状与保护】 已列入《濒危野生动植物种国际贸易公约》(CITES)附录I，世界自然保护联盟(IUCN)列为易危物种，《中国物种红色名录》中列为濒危物种，现为我国Ⅱ级保护动物。

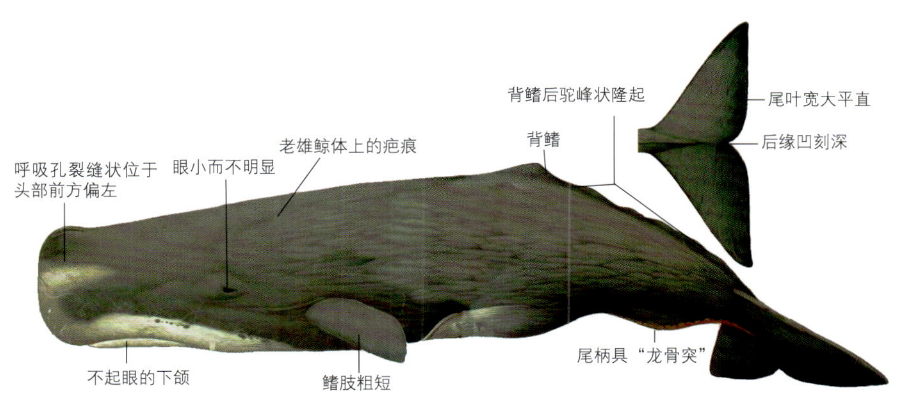

图9-2 抹香鲸 *Physeter macrocephalus* (依Carwardine,M)

(12) 拜氏贝喙鲸

Berardius bairdii Stejneger, 1883

【汉语拼音】 bài shì bèi huì jīng 【英文名】 Baird's beaked whale
【别　　名】 拜氏鲸、槌鲸、贝喙鲸、贝氏喙鲸
【同物异名】 *Berardius vegae*
【分类地位】 鲸目 Cetacea，齿鲸亚目 Odontoceti，喙鲸科 Ziphiidae

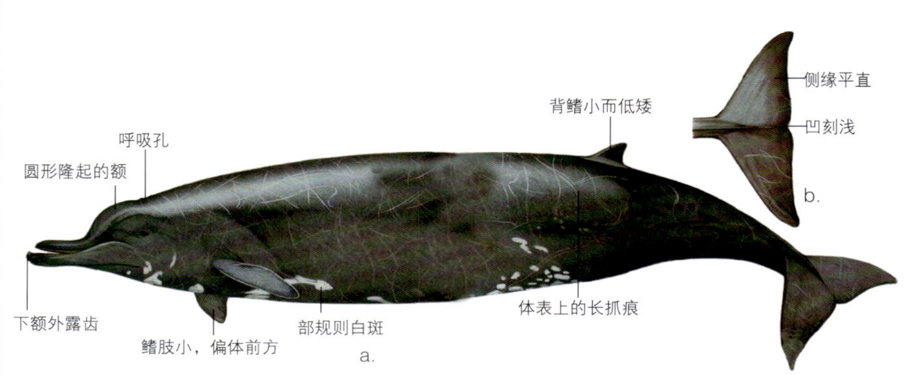

图12-1　拜氏贝喙鲸*Berardius bairdii* a.外形 b.尾叶 (依Carwardine,M)

【形态特征】 体呈纺锤形，躯干部粗壮。头小，**头部具管状的长喙。上颌短，其后为圆形隆起的额**。呼吸孔位于额后的凹陷处。**下颌突出于上颌，后部弓起。上颌无齿，仅下颌具2对齿，最前一对大齿不与上颌相咬合，闭口时外露**。喉部皮肤上有“V”形沟，沟长约0.6m，主沟旁边还有很多窄的副沟。背鳍低矮，位于体背后部。鳍肢小，较其他喙鲸靠近体前部。尾叶大，中央有小凹刻，侧缘几近平直，不向内凹入。

全身瓦灰色，腹面稍淡，有些个体胸或腹部具白斑，皮肤上常有许多白色伤疤及长抓痕。

【生物与生态学特性】 喜集群，很少单独活动，常见10~30头个体，由一头雄鲸率领，可能为多雌群体。成体体长10.7~13m，体重约12t，其中雌鲸略大于雄鲸。初生幼鲸体长约4.5m。潜水情况与大型鲸相似，2~3次浅潜后有一次约20min的深潜，被追击时可深潜一个多小时。呼吸时喷出雾柱低而散。被炮箭击中以后，几乎垂直下潜，在浅海里常把头撞到海底上。主食深海鱼类和乌贼，也摄食海鞘、海参、海星、毛贻贝等底栖动物。

【分布】 主要分布于北太平洋温带及相邻的日本海、鄂霍次克海和白令海，栖息于大陆坡的深水区，我国东海的舟山曾有发现。

【现状与保护】 该鲸曾经数量较多，为小型捕鲸中仅次于小须鲸的猎捕对象。尤其是日本，以前每年捕获76~322头。已列入《濒危野生动植物种国际贸易公约》**(CITES)**附录Ⅰ，世界自然保护联盟**(IUCN)**列为低危物种，现为我国Ⅱ级保护动物。

图12-2　拜氏贝喙鲸*Berardius bairdii*群体

(13) 鹅喙鲸

Ziphius cavirostris Cuvier, 1823

【汉语拼音】 é huì jīng 【英文名】 Cuviers beaked whale
【别　　名】 柯氏喙鲸、喙鲸、古氏剑吻鲸、居氏喙鲸、剑吻鲸
【同物异名】 *Delphinus desmaresi, Ziphius grebnitzkii*
【分类地位】 鲸目 Cetacea，齿鲸亚目 Odontoceti，喙鲸科 Ziphiidae

【形态特征】 体呈纺锤形，躯干部粗壮。头小，喙短而不明显，**由喙到呼吸孔前的头背部略呈圆弧状额隆，喙与额隆间分界不明显**。呼吸孔位于额隆后的凹陷处。口亚上位，**下颌略长于上颌。下颌仅1对圆锥形齿**，伸向前方，**闭口时正好外露**，其余均为退化的痕迹齿，埋于齿龈中。背鳍小，位于体背后部，呈镰刀状，后缘略凹入。鳍肢小而窄，可收入体壁的袋形浅凹中。**咽后缘的喉部具“V”形沟**，长0.6~0.7m。**尾叶后缘中央凹刻不明显**。

背部棕灰，腹面色淡，但个体间差异较大，从近棕色或灰色甚至近黑色。口部周围呈乳白色或白色，有的个体口周围及腹部带淡红色。许多个体身上都有条状或不规则斑纹。

【生物与生态学特性】 喜3~5头为群，呼吸时喷出雾柱不太明显。深潜前会拱起背部，或将尾叶举出水面，然后近乎垂直入潜。行动时通常会避开船只，偶尔有好奇，与人易亲近。比其他大多数的喙鲸更常搁浅，故常有搁浅的报道。

成年体长5.5~7m，雌性稍大。孕期约10个月，初生幼鲸体长2~3m，胎儿及幼鲸的上、下颌左右各有28~30枚齿，在发育过程中渐退化而成痕迹。

食性范围很广，嗜吃乌贼，也食底栖鱼类、海参等。

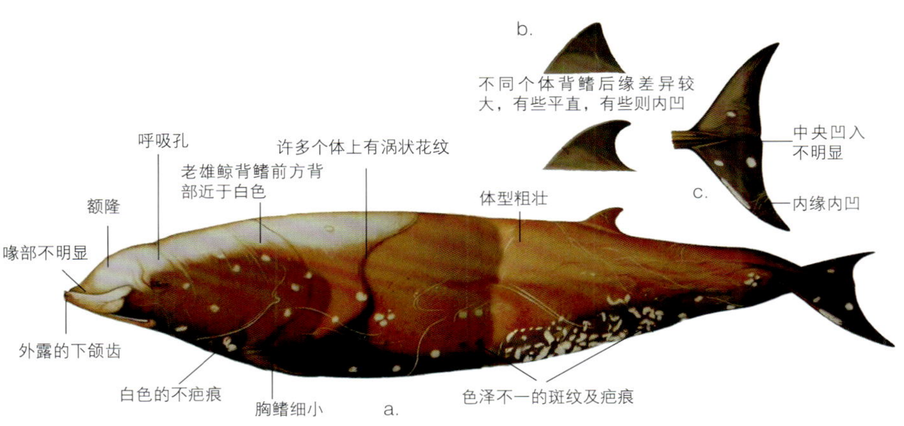

图13-1　鹅喙鲸*Ziphius cavirostris* a.外形 b.背鳍 c.尾叶 (依Caiwardine,M)

【分布】 本种分布极广，除南北极地海域外，各大洋都有分布，通常生活在较深的大陆架边缘或海底峡谷，很少在大陆沿岸出现。洄游行为不详，有些种群可能有定栖习性。我国东海、南海均有分布。

【现状与保护】 已列入《濒危野生动植物种国际贸易公约》(CITES)附录II，现为我国Ⅱ级保护动物。

图13-2　鹅喙鲸*Ziphius cavirostris* a.情侣 b.搁浅 (依http://www.whaleresearch.com/)

(16) 糙齿海豚

Steno bredanensis (Lesson, 1828)

【汉语拼音】 cāo chǐ hǎi tún 【英文名】 Rough-toothed dolphin
【别 名】 纹齿长吻海豚、皱齿海豚
【同物异名】 *Delphinus bredanensis*
【分类地位】 鲸目 Cetacea，齿鲸亚目 Odontoceti，海豚科 Delphinidae

【形态特征】 体呈纺锤形，以背鳍处为最粗。头圆锥形，**喙较长，吻背部向头后上升平缓，与额界限不清，无额隆。尾干上下侧具小的隆脊**。上下颌每侧有齿20~27枚，**齿大，齿冠部有纵行的皱褶**，看似粗糙，故名。**背鳍较高，顶端尖且后倾**。鳍肢较长，可达体长的1/7。尾叶宽，侧缘内弯，中央具深缺刻。

【生物与生态学特性】 成体体长2.1~2.6m，最长为2.8m，体重150kg左右。初生幼豚体长1m。性情较为活跃，偶见在水中快速游动，或小弧度腾跃。常集数头至数十头的群，也见上百头的大群，有时会与宽吻海豚、花斑原海豚、长吻原海豚或领航鲸等混游。以鱼类及头足类等为食。

【现状与保护】 已列入《濒危野生动植物种国际贸易公约》**(CITES)**附录Ⅱ，《中国物种红色名录》中列为易危物种，现为我国Ⅱ级保护动物。

图16 糙齿海豚*Steno bredanensis* a.外形 b.尾叶 (依Carwardine,M.)

背部、背鳍、鳍肢、尾柄部及尾叶均为黑灰色或黑褐色，形成“披肩”。体侧淡灰色，与背部深色部分有明显界限。上下唇和喉部至肛门的腹部通常为白色，**体侧和腹部有许多不规则的黄色或白色圆斑状疤痕**。

【分布】 广泛分布于全球暖温性水域，栖居于大洋深水区。我国偶见于东海和南海。2003年8月中旬曾有一头体长2m，重50kg的成年糙齿海豚在福建省罗源县鉴江镇的海滩上搁浅，经抢救无效，第二天死亡。

(17) 中华白海豚

Sousa chinensis (Osbeck, 1765)

【汉语拼音】 zhōng huá bái hǎi tún 【英文名】 Indo-pacific humpbacked dolphin, Chinese white dolphin
【别　　名】 中华白豚、太平洋驼海豚
【同物异名】 *Sotalia bornensis, Sotalia chinensis*
【分类地位】 鲸目 Cetacea，齿鲸亚目 Odontoceti，海豚科 Delphinidae

【形态特征】 体短小粗壮，**喙狭长，唇线平直**，下颌略长于上颌。**额部隆起略呈圆形，与喙部没有深的凹痕。上下颌每侧有齿32~36枚**。背鳍低矮呈镰刀形或三角形，位于背部中央，基部长，形成增厚的脊。鳍肢短宽，末端稍圆钝。尾叶后缘凹进，中央凹刻深，**缺刻处重叠，左叶压住右叶，或右叶在上左叶在下**。尾干上下方有明显的隆脊。

体色因地区和年龄变异较大，**刚出生的幼豚呈灰色，年青时呈浅粉红色，老年豚呈粉红色**。头部、体侧、鳍肢及尾叶偶布有灰色斑点。

【生物与生态学特性】 平时不成大群，仅数头或单独活动，性情活跃，常在水面跳跃嬉戏，有时甚至将全身跃出水面近1m高。游速较快，受惊时可达22km/h以上。呼吸间隔不规律，有时3~20s，甚至1~2min不等。主食鲻科和石首鱼科的幼鱼，也摄食黄鲷、鲳鱼的幼体等。摄食量很大，一头体重235kg的雌海豚，其胃含物可达7kg以上。在厦门内海，经常发现白海豚巡回于流刺网和延绳钓附近，捕食已上网的小鱼。有时咬破网具，抢食网中的小鱼。

每年6-7月间交尾，孕期10个月，于翌年3-4月产仔。初生幼豚体长1m左右，哺乳期3~4个月，2~3年达性成熟。成体体长2.0~2.8m，最长可达3m，体重225kg，寿命一般为25~35岁。

眷恋性很强，哺乳期母子形影不离。一旦仔豚被网缠住，母豚会不惜冒生命危险向网冲击，或在网边急躁地徘徊，寻求营救仔豚的方法。

【分布】 广泛分布澳大利亚中部及北部、印度尼西亚、印度洋海岸线至南非的热带及温带沿岸水域，我国东海、南海均有分布。

图17-2　中华白海豚*Sousa chinensis*（依厦门中华白海豚保护区）

图17-1　中华白海豚*Sousa chinensis* a. 外形 b.尾叶 c.未成年个体背鳍
(依Carwardine,M.)

【现状与保护】 已列入《濒危野生动植物种国际贸易公约》(CITES)附录Ⅰ，《中国物种红色名录》中列为濒危物种，现为我国Ⅰ级保护动物。

(18) 瓶鼻海豚

Tursiops truncatus (Montagu, 1821)

【汉语拼音】 píng bí hǎi tún 【英文名】 Bottlenose dolphin
【别 名】 尖嘴海豚、尖吻海豚、短吻海豚、大海豚、胆鼻海豚、宽吻海豚
【同物异名】 *Tursiops gillii, Tursiops catalania*
【分类地位】 鲸目Cetacea，齿鲸亚目 Odontoceti，海豚科 Delphinidae

【形态特征】 体纺缍形，**头小，额部呈棒球帽状隆起，喙较长，但因额部大，外伸部分较短。喙与额间有1条明显的凹痕。**下颌略突出于上颌，**上、下颌每侧有大型齿21~26枚**，为该科中牙齿最大的一种。呼吸孔位于头背后部中央，呈新月形。背鳍高，近背部中央，呈镰刀形，前缘后屈，后缘微凹入。鳍肢位置明显较其他种类靠前。尾叶后缘凹进，中央凹刻深。

背部周围的体侧、背鳍、鳍肢及尾叶上下均为灰黑色，类似“披肩”，体侧淡灰色，腹面灰白色，无点斑。**眼至喙之间有1条黑色带，眼至鳍肢间也有1条稍宽的灰色带。**

图18-1 瓶鼻海豚*Tursiops truncates* a.外形 b.尾叶（依Carwardine,M.）

【生物与生态学特性】 成体体长1.9~3.9m。生殖间隔2~3年，妊娠期12个月，每胎产1仔，初生幼豚体长0.9~1.3m。幼豚随母豚1年以上方离群。主要以群栖性鱼类为食。

在海面上非常活跃，经常以豚尾击浪，或在船首、船尾乘浪，或借助巨鲸造成的波浪前进。常以数十头乃至百头大群追逐集群性鱼类，有时能跃出水面1~2m高，也会组成小群与伪虎鲸群混游。

【分布】 广泛分布于世界各温带至热带海域，大部分种群为沿岸性种，我国南北沿岸海域均有分布。

【现状与保护】 已列入《濒危野生动植物种国际贸易公约》(CITES)附录II，《中国物种红色名录》中列为近危物种，现为我国Ⅱ级保护动物。

图18-2 瓶鼻海豚*Tursiops truncates*（依http://www.delfinimetropolitani.it等）

(19) 印度洋瓶鼻海豚

Tursiops aduncus (Ehremberg, 1883)

【汉语拼音】 yìn dù yáng píng bí hǎi tún 【英文名】 Bottlenose dolphin Indian Ocean bottlenose dolphin
【别　　名】 南瓶鼻海豚、南宽吻海豚
【同物异名】 *Delphinus aduncus*
【分类地位】 鲸目 Cetacea，齿鲸亚目 Odontoceti，海豚科 Delphinidae

【形态特征】 体型与瓶鼻海豚相近，但个体稍小。**喙较瓶鼻海豚的长，喙与额间有1条明显的凹痕。**下颌略突出于上颌。眼位于口后角上方，呼吸孔新月形，位于背部中央。背鳍高大，也呈镰刀形，位于体背中部。鳍肢末端尖，后缘近基部处后凸。尾叶后缘弯曲，中央有1缺刻。与瓶鼻海豚另一不同的是腹面具暗色斑点。

【生物与生态学特性】 习性了解甚少。杨光等1997年曾报道在北纬25°~30°，东径125°以西的东海海域发现13群，共171头，1998年5-6月在厦门至东山海域出现过9群，每群约由20头组成。成体平均体长2.3m，最大体长不超过3m，雄性个体略大，雌性稍小。在中国海域发现的最大雄性体长2.76m。主要以群栖性鱼类及头足类为食。容易饲养，训练后可作海豚表演。

图19-1 印度洋瓶鼻海豚*Tursiops aduncus*
(依http://www.szepi.hu/~andi/)

【分布】 分布于印度洋和太平洋。在非洲东部自好望角至红海，向东经波斯湾、孟加拉湾至我国台湾省，向北达到琉球和九州之间的奄美诸岛。在夏威夷群岛和热带东太平洋也有分布。我国产于东海及南海。

【现状与保护】 已列入《濒危野生动植物种国际贸易公约》(CITES)附录II，现为我国Ⅱ级保护动物。

图19-2 印度洋瓶鼻海豚泳姿*Tursiops aduncus* (依http://www.ryanphotographic.com)

(22) 条纹原海豚

Stenella coeruleoalba Meyen, 1833

【汉语拼音】 tiáo wén yuán hǎi tún 【英文名】 Striped dolphin
【别　　名】 蓝白原海豚、条纹海豚、青背海豚、蓝白副喙豚、蓝白海豚
【同物异名】 *Delphinus coeruleoalba, Delphinus euphrosyne*
【分类地位】 鲸目 Cetacea，齿鲸亚目 Odontoceti，海豚科 Delphinidae

【形态特征】 体稍粗，**喙比真海豚稍短，中等长**。前额平缓，喙与额间隔明显。**齿小而尖，上下颌两侧各具39~55枚**。背鳍位于体中部，前缘微突，后缘内凹。鳍肢末端尖。尾叶宽大，两侧缘微凹，末端尖，中央缺刻小。

体背蓝黑色或黑灰色，体侧浅灰，腹部白色。**眼至喙与额隆交界处有1黑色带，眼后至肛门有细长也有1黑色带，该黑色带在鳍肢上方又分出1小支。鳍肢前基至口角上方有宽黑带。背鳍下方至眼后为一斜形淡色区。背鳍、鳍肢及尾叶皆黑灰色。**

【生物与生态学特性】 有春秋两个交尾期。妊娠期12~13个月，初生幼豚体长0.9~1.0m，哺乳期约18个月，9年达性成熟。成体体长1.8~2.5m，雄性个体稍大。最大年龄有报道为57年。喜食乌贼，尤嗜吃枪乌贼，也捕食鲐鱼、鲱鱼、沙丁鱼、烛光鱼等上层群游性鱼类。喜群游，常聚成上百头的大群，行为活跃，经常跃身击浪，并能表演惊人的特技。胆很小，若或击水，或抛石，或大声恐吓，就可将整群海豚驱赶。性较温顺，围捕时很少越网或破网而逃。换气时仅头部稍露出水面，深潜水时则露出背鳍，深潜水深10~100m左右。

【分布】 本种广泛分布于全世界的热带和温带海域，为太平洋的常见种。在我国则分布于东海和南海。

【现状与保护】 原来数量很多，但由于过量捕捞，如日本曾有记载年捕获近2万头，以及许多地区的小型捕鲸业和金枪渔业中也兼有所获，故现今数量锐减。

已列入《濒危野生动植物种国际贸易公约》**(CITES)**附录Ⅱ，世界自然保护联盟**(IUCN)**列为低危物种，《中国物种红色名录》中列为易危物种，现为我国Ⅱ级保护动物。

图22 条纹原海豚*Stenella coeruleoalba* a.外形 b.尾叶 (依Carwardine,M.)

(23) 短喙真海豚

Delphinus delphis (Linnaeus, 1758)

【汉语拼音】 duǎn huì zhēn hǎi tún
【英 文 名】 Common dolphin
【别　　名】 普通海豚、海豚、短吻型真海豚、真海豚
【分类地位】 鲸目 Cetacea，齿鲸亚目 Odontoceti，海豚科 Delphinidae

【形态特征】 体呈纺锤形。**喙中等长，与额部交界处有明显的沟状缢缩**，额隆较圆。**上下颌两侧各有齿50枚以上，齿小而尖。**背鳍三角形，中等大小，上端尖，后缘凹入(有个体差异)，略呈镰刀状。鳍肢三角形，末端尖。尾叶侧缘微凹，末端向后弯，中央缺刻小。

背黑、腹白，体侧具灰、黄、白色"X"形花斑，这些体侧花纹在死后即消失。从眼往后到肛门之间通常有两条瓦灰色带，鳍肢基部到下颌有一黑色带伸到下颌的下侧，朝口角方向呈"V"字形折回，通入喙下缘的黑色带中或通往口角。眼至吻突、额交界处有一黑带。眼周围有黑色环。背鳍中央有三角形的灰色、象牙色或白色区。

【生物与生态学特性】 成体体长为1.7~2.4m，重75kg左右，最大体长雄性2.6m，体重135kg，雌性稍小。生殖间隔2~3年，妊娠期10~11个月，每产1仔，初生仔豚体长0.8~0.9m，哺乳期超过1年。以群游性小型鱼类为食，常成数十头至数百头的大群，活动敏捷，常跃出水面，喜跟随船只。

【分布】 广泛分布于大西洋和太平洋温带、热带海域，地中海、黑海数量较多见，印度洋亦有分布，我国各海区均有发现。

【现状与保护】 已列入《濒危野生动植物种国际贸易公约》**(CITES)**附录II，世界自然保护联盟**(IUCN)**列为低危物种，《中国物种红色名录》中列为近危物种，现为我国Ⅱ级保护动物。

图23-1　短喙真海豚*Delphinus delphis*生活图 (依http://www.aquitaine.ecologie.gouv.fr/IMG/)

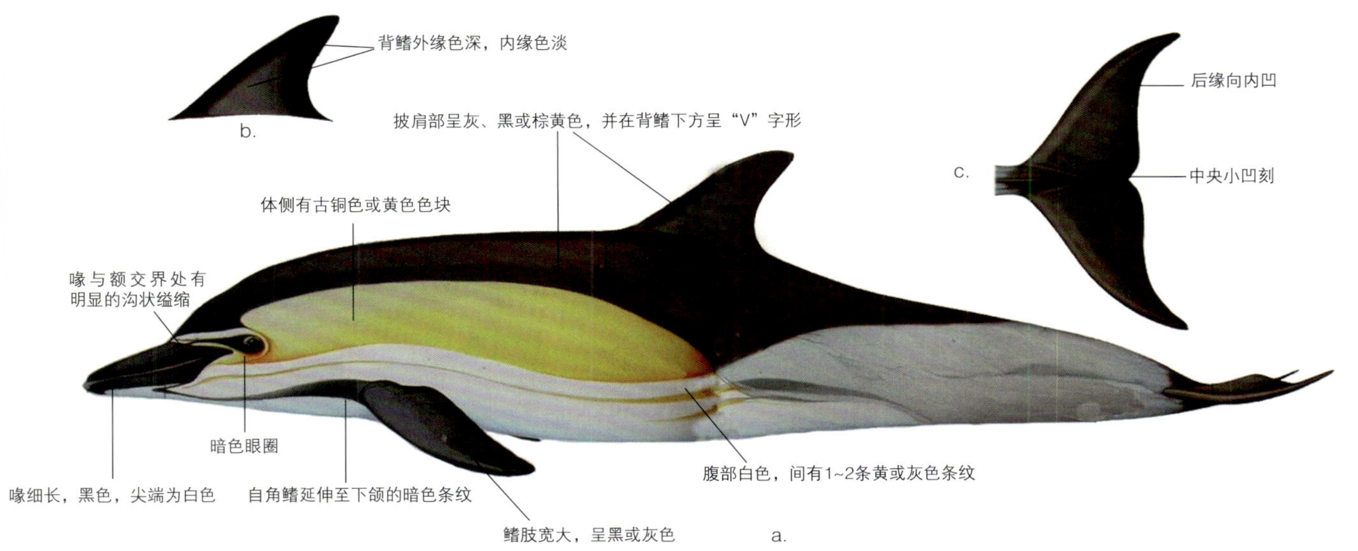

图23-2　雀跃短喙真海豚*Delphinus delphis* a.外形 b.背鳍 c.尾叶 (依Carwardine,M.)

(24) 长喙真海豚

Delphinus capensis (Gray, 1828)

【汉语拼音】 cháng huì zhēn hǎi tún 【英文名】 Cape dolphin, Long-beaked common dolphin
【别 名】 繁齿海豚、热带真海豚、暖海真海豚、长吻真海豚
【同物异名】 *Delphinus longirostris, Delphinus microps, Delphinus dussumieri*
【分类地位】 鲸目 Cetacea，齿鲸亚目 Odontoceti，海豚科 Delphinidae

【形态特征】 体型与短吻真海豚相似，**但相对较细长。喙较长，与额部交界处缢缩不明显**，额隆较平。上颌每侧具尖而锐利的小齿55~65枚，下颌齿每侧51~60枚。背鳍中等高，位于体中部，呈镰刀形，后斜。鳍肢末端尖。

体色分布也与短吻真海豚类似，背部呈黑色，**但比短吻真海豚色深**，腹部白色，**眼具黑色圈，由眼至吻突(喙)与额交界处有一黑色带。下颌至鳍肢前基部也有一条黑色带。在口角处弯成"V"字形。**由眼沿体侧向后延伸至肛门有一条浅黑色带。

【生物与生态学特性】 为暖海性种，常成数十头至数百头的大群活动，性活泼，游泳中常跃出水面1m多高，喜在船首乘波逐浪。成体雄性体长2.0~2.6m，雌性体长1.9~2.3m。主要以集群性鱼类和乌贼类为食，觅食时可潜至200m的深处。

【分布】 国内主要分布于我国东海和南海。

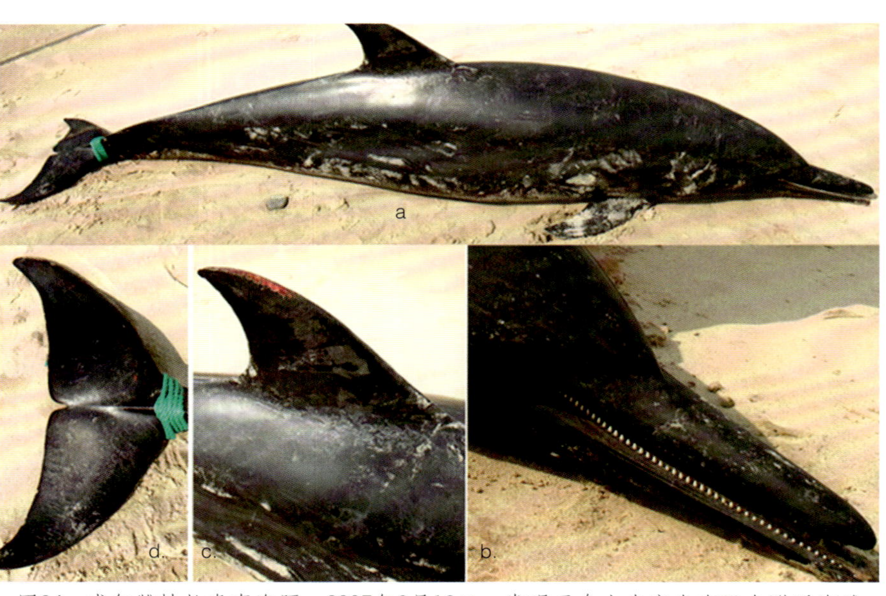

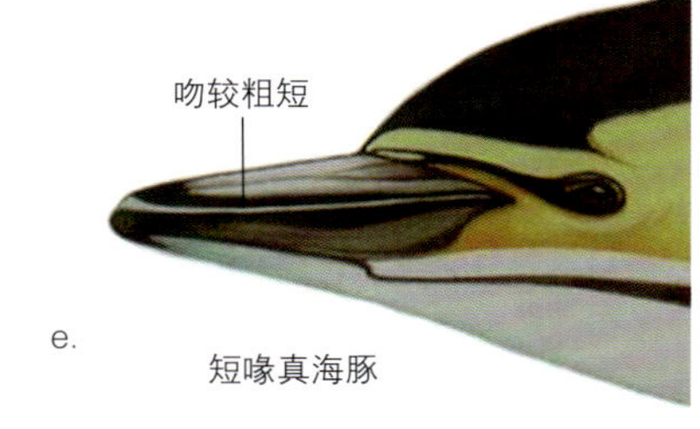

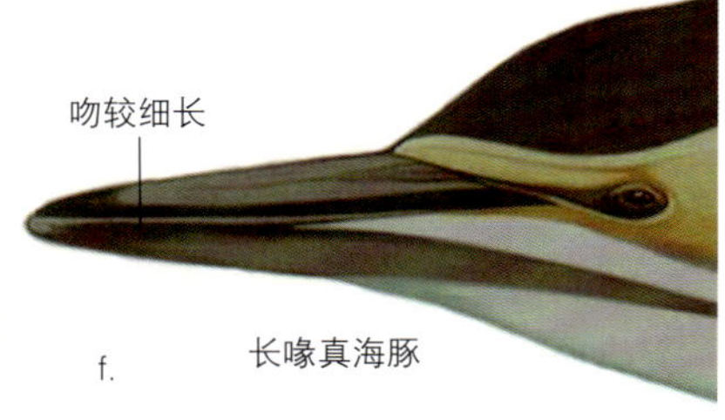

图24 成年雌性长喙真海豚，2007年9月12日，发现于舟山朱家尖海天台附近海滩
a.外形 b.喙 c.背鳍 d.尾叶 e.、f.与短喙真海豚喙部的比较

【现状与保护】 已列入《濒危野生动植物种国际贸易公约》**(CITES)**附录Ⅱ，世界自然保护联盟**(IUCN)**列为低危物种，现为我国Ⅱ级保护动物。

(25) 弗氏海豚

Lagenodelphis hosei Fraser, 1956

【汉语拼音】 fú shì hǎi tún 【英文名】 Fraser's dolphin
【别　　名】 沙捞越海豚、沙捞越喙豚
【分类地位】 鲸目 Cetacea，齿鲸亚目 Odontoceti，海豚科 Delphinidae

【形态特征】 体呈纺锤形。喙短，**喙与额交界处有缢缩，向后上升平缓，至呼吸孔为头的最高点**。上下颌每侧有齿34~44枚。背鳍较小，近似等边三角形，末端常尖，微后曲，但在个体间存在差异。鳍肢小，末端尖细。尾叶侧缘内凹，中央具小缺刻，末端尖锐。

体背部蓝黑色或黑灰色，腹部白色。**由口角通过眼至肛门后方有一蓝黑色宽带，带上侧灰色，下侧呈白色**。背鳍、鳍肢、尾叶及尾柄下面均蓝黑色。

【生物与生态学特性】 雌性成体体长2.0~2.6m，雄性稍大，最长2.7m，体重210kg。雄性在7~10龄、雌性在5~8龄性成熟，妊娠期为12.5个月，初生幼豚体长1.0~1.1m。

常成数十头至上百头的大群，也常与瓜头鲸、条纹原海豚等混游。游泳方式颇为壮观，浮升出水呼吸时，经常造成一片水花，会跃身击浪，但不很爱表演和嬉戏。很怕船，会躲避船只。在围捕金枪鱼的作业中偶有捕获。潜水深度可达250~500m，以褐鳕、水珍鱼等深水鱼和乌贼以及甲壳类等为食。

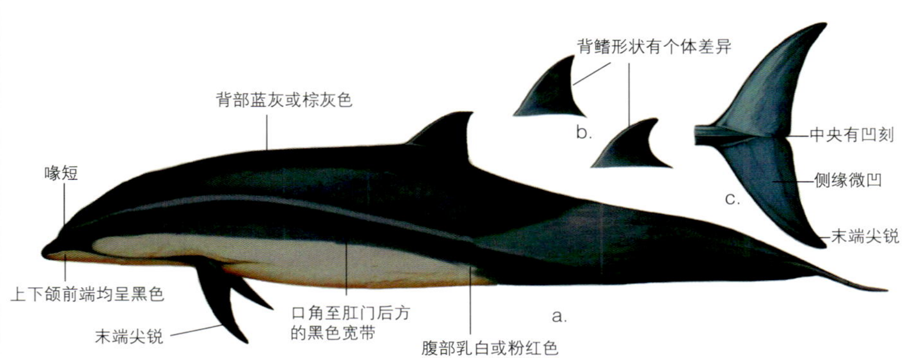

图25-1 弗氏海豚*Lagenodelphis hosei* a.外形 b.背鳍的个体差异 c.尾叶
(依Carwardine,M.)

图25-2 跃身击浪的弗氏海豚*Lagenodelphis hosei* (依Hadoram Shirihai)

【分布】 系热带性种，分布于太平洋的热带和中部海域，沙捞越、日本、菲律宾、澳大利亚以东以及非洲南部等沿海都有分布，我国分布于东海和南海。

【现状与保护】 已列入《濒危野生动植物种国际贸易公约》**(CITES)**附录Ⅱ，《中国物种红色名录》中列为易危物种，现为我国Ⅱ级保护动物。

(28) 瓜头鲸

Peponocephala electra (Gray, 1846)

【汉语拼音】 guā tóu jīng 【英文名】 Melon-headed whale
【别　　名】 多齿瓜头鲸
【同物异名】 *Lagenorhnchus electra, Eletra eletra*
【分类地位】 鲸目 Cetacea，齿鲸亚目 Odontoceti，海豚科 Delphinidae

【形态特征】 体形与伪虎鲸及侏虎鲸相似，**头近椭圆形，无吻突(喙)，前端略尖，上颌不突出于下颌**，上、下颌每侧具齿20~26枚。背鳍位于体中部，**较伪虎鲸宽大**，成体背鳍可高达0.3m，前缘向后倾，末端尖，呈钩状。鳍肢位稍前，狭长，最长可达体长的1/6~1/5，末端尖。雄性尾叶宽大，雌豚相对较窄，侧缘内凹，末端尖，中央缺刻深。

图28-2 搁浅的瓜头鲸

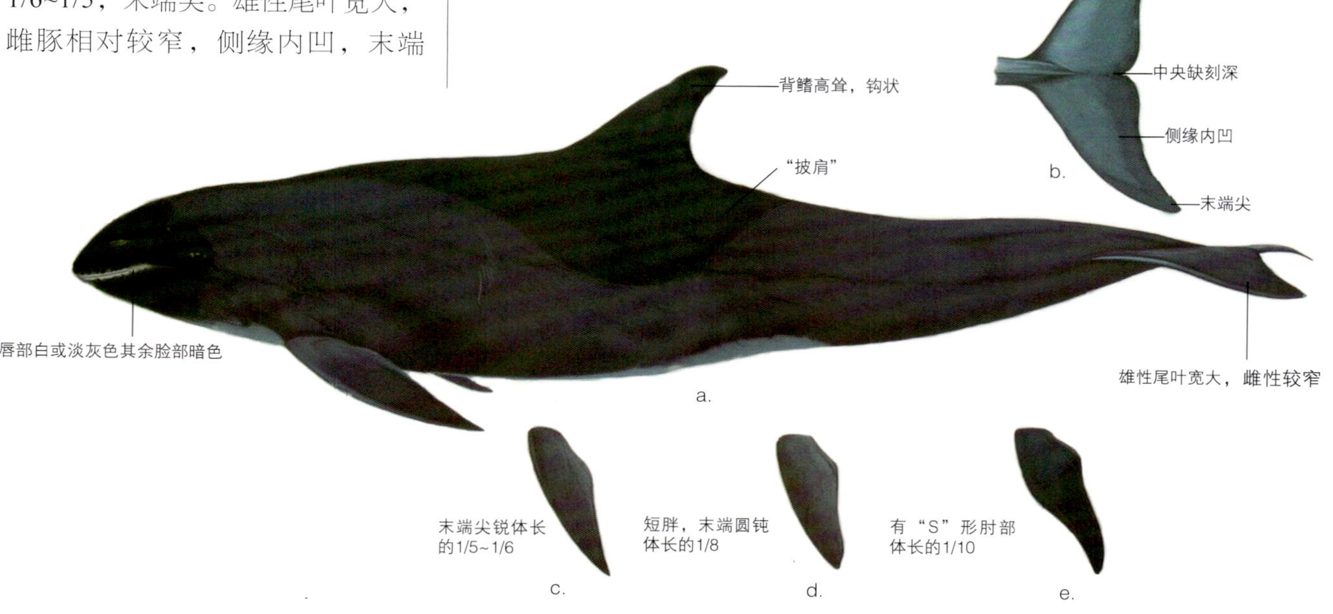

图28-1 搁浅的瓜头鲸*Peponocephala electra* a.外形 b.尾叶 c.鳍肢 d.小虎鲸鳍肢 e.伪虎鲸鳍肢 (依Carwardine,M.)

体暗灰至黑褐色，上下唇白色，眼周围为暗色，**有浓色带沿体背正中线由头延伸至背鳍，并在背鳍下方扩大成弧形暗色区，即“披肩”。喉部有白斑，脐至肛门附近为灰白色。**

【生物与生态学特性】 成体瓜头鲸体长2.1~2.7m，最大体重约275kg。在北太平洋，每年6月可见新生幼豚，体长1m以下。主要以枪乌贼及各类小鱼为食。通常100~200头为群，1965年日本曾发现500多头的大群(其中约有250头搁浅)。游泳速度快，有时会集群搁浅。2002年2月25日，有85头瓜头鲸在东京以东90km处的海滩集体搁浅，其中仅33头被救。2006年2月28日，约70头在日本集体搁浅，隔天早上又有75头再次上岸搁浅。

【分布】 此鲸仅分布于北太平洋和大西洋的热带和暖温带海域，我国见于台湾及南海近海。

【现状与保护】 已列入《濒危野生动植物种国际贸易公约》(**CITES**)附录Ⅱ，世界自然保护联盟(**IUCN**)列为低危物种，现为我国Ⅱ级保护动物。

(29) 小虎鲸

Feresa attenuata Gray,1874

【汉语拼音】 xiǎo hǔ jīng 【英文名】 Pygmy killer whale
【别 名】 侏虎鲸
【同物异名】 *Delphinus intermedius*
【分类地位】 鲸目Cetacea，齿鲸亚目Odontoceti，海豚科Delphinidae

【形态特征】 体型粗壮，与伪虎鲸相似，**但个体较小。侧面观，体由头部向躯干部渐粗，至背鳍前为体最高，向后又渐细小。俯视看，头部左右侧扁，越往前端越细。头部浑圆，无喙(吻突)。**上下颌两侧各具齿10~11枚，但多数个体右侧齿通常会少1枚。背鳍三角形，位于体中部，末端尖、后缘略凹入。鳍肢长，约为体长的1/8，位置很靠前，短胖，末端圆钝。尾叶侧缘微凹，末端尖，中央有小凹刻。

体大部分黑或深褐色，上下唇部为白色或浅灰白色。从脐往后到肛门之间的下腹部，有长圆形白斑。“披肩”黑色或深褐色，背鳍基部有1条浅色带，体侧部色较浅。但在个体间尚有一定的差异，尤其是死后，皮肤干燥，有些色斑就会消失。

图29-1 小虎鲸*Feresa attenuate* a.外形 b.头部 c.尾叶 (依Carwardine,M.)

图29-2 正在追赶其他豚类的小虎鲸 (依Whale resource center等)

【生物与生态学特性】 个体不大，成体体长仅2.1~2.6m，初生幼鲸体长仅0.8m。本种数量稀少，在日常的鱼网中偶有捕获。素有“杀手”之称，据有关记载，曾有攻击人类或其他鲸豚类的记录。

【分布】 分布于北太平洋、大西洋的热带、温带海域，我国东海及南海偶见。

【现状与保护】 已列入《濒危野生动植物种国际贸易公约》(CITES)附录Ⅱ，《中国红色物种名录》中列为易危物种，现为我国Ⅱ级保护动物。

(32) 短肢领航鲸

Globicephala macrorhynchus Gray, 1846

【汉语拼音】 duǎn zhī lǐng háng jīng
【英 文 名】 Short-finned pilot whale
【别　　名】 大吻领航鲸、大吻巨头鲸、南海领航鲸、圆头鲸
【分类地位】 鲸目Cetacea, 齿鲸亚目Odontoceti, 海豚科Delphinidae

【形态特征】 身体短粗，自肛门以后渐细。侧面观，**头与躯干部的界限极不明显，头显得很大而圆，因而得名圆头鲸。吻部特别短，无明显的吻突(喙)**。口大，口裂由头部前下方斜往后下方切入。呼吸孔短而宽。牙齿较少，上下颌每侧有7~9枚，**齿仅限于颌的前部**。背鳍小，宽大于高，位于身体的前1/3处，向后屈，后缘凹进。由于颈椎极短，鳍肢似紧接在颈部，狭而长，末端尖，尾叶末端尖锐，侧缘微内凹，中央缺刻明显。

背侧和腹侧的棱状皮肤嵴不明显。身体大部分为黑色，腹面颜色略淡，两个鳍肢的基部之间有十字形或锚形的白斑，新鲜标本的眼后至背鳍有一条灰色或白色条纹。

图32-2　搁浅的短肢领航鲸
(依Carwardine,M.)

图32-1　短肢领航鲸*Globicephala macrorhynchus* a.外形 b.鳍肢 c.尾叶 (依Carwardine,M.)

【生物与生态学特性】 成体体长3.6~6.5m，雄性稍大。主要以鱼类和乌贼等为食。生殖间隔3~5年，每胎产1仔，妊娠期15个月以上，初生幼鲸体长1.4~1.9m，哺乳期为12个月，甚至数年。喜欢集群生活，通常结成10余头以上的群体，有时多达数百只，群体中成年雄鲸较少，大多为成年雌鲸和幼仔。

有大群搁浅的纪录，2005年1月有33头短肢领航鲸在美国卡罗莱纳州的沙滩上集体搁浅。近年来在我国台湾也时常有短肢领航鲸搁浅的报道。

【分布】 分布于世界各大洋的暖温带和热带海域，我国分布于东海南部及南海。

【现状与保护】 已列入《濒危野生动植物种国际贸易公约》(CITES)附录Ⅱ，世界自然保护联盟(IUCN)列为低危物种，现为我国Ⅱ级保护动物。

(33) 江豚

Neophocaena phocaenoides (Cuvier, 1829)

【汉语拼音】 jiāng tún 【英文名】 Finless porpoise
【别　　名】 江猪、海猪、海和尚、露脊鼠海豚、拜江猪
【同物异名】 *Delphinus phocaenoides, Neomeris phocaenoides*
【分类地位】 鲸目 Cetacea, 鼠豚科 Phocaenidae

【形态特征】 **头部近圆形，额稍向前凸出，**体中部粗壮。**吻短而阔，**无喙，**唇线略呈弧形。齿短小，呈铲形，左右侧扁。眼睛较小，通常为红色。颈椎骨未完全愈合，故头部能自如活动。无背鳍，但从鳍肢上方沿尾干的背中部有一凹槽，**其后**有一条30~40mm宽的皮脊隆起。**鳍肢呈三角形，末端尖。尾叶侧缘微凹，末端尖，中央凹刻明显。

全身为蓝灰色或瓦灰色，腹部浅白色，唇部和喉部略有黄灰色斑，腹部有一些形状不规则的灰色斑。有些个体在腹面鳍技的基部和肛门之间的颜色变淡，有的还带有淡红色，特别是在繁殖期尤为显著。

【生物与生态学特性】 为小型豚类，成体体长1.2~1.9m，重100~220kg。每年1-5月为繁殖盛期，妊娠期11~12个月，每产1仔，偶有双胎，初生幼豚体长0.6~0.9m，哺乳期半年以上。喜在近岸浅水域及咸淡水交汇处活动，多单独或2~3头一起，一般不密集成大群，但在繁殖期常集成几十头的集群。食性很广，主要以鱼类、甲壳类及头足类为食。

【分布】 主要分布于太平洋西岸、印度洋东部，我国近岸及长江口水域均有分布。

【现状与保护】 已列入《濒危野生动植物种国际贸易公约》(**CITES**)附录I，《中国物种红色名录》中列为濒危物种，现为我国Ⅱ级保护动物。

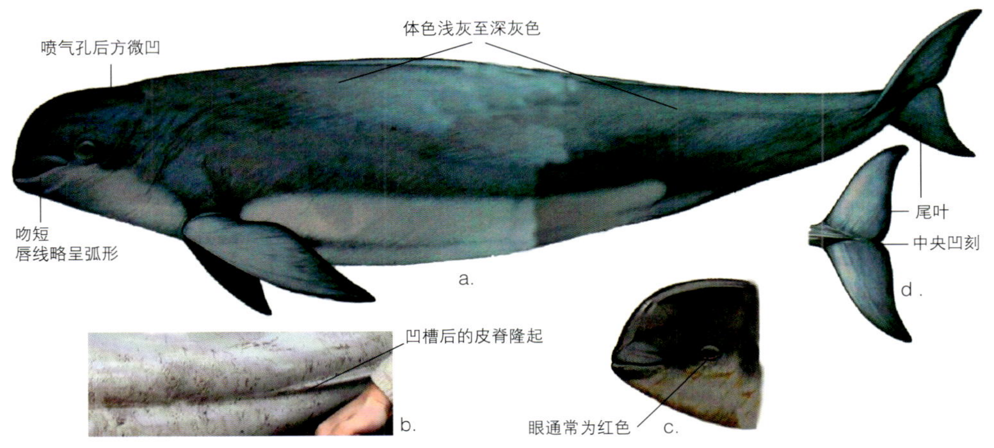

图33-1 江豚*Neophocaena phocaenoides* a.外形 b.背部 c.头部 d.尾叶 (依Carwardine,M.等)

图33-1 江豚头部观
(依http://csiwhalesalive.org/等)

鲸类（Whale and Dolphin）

二/海兽类

Marine Beasts

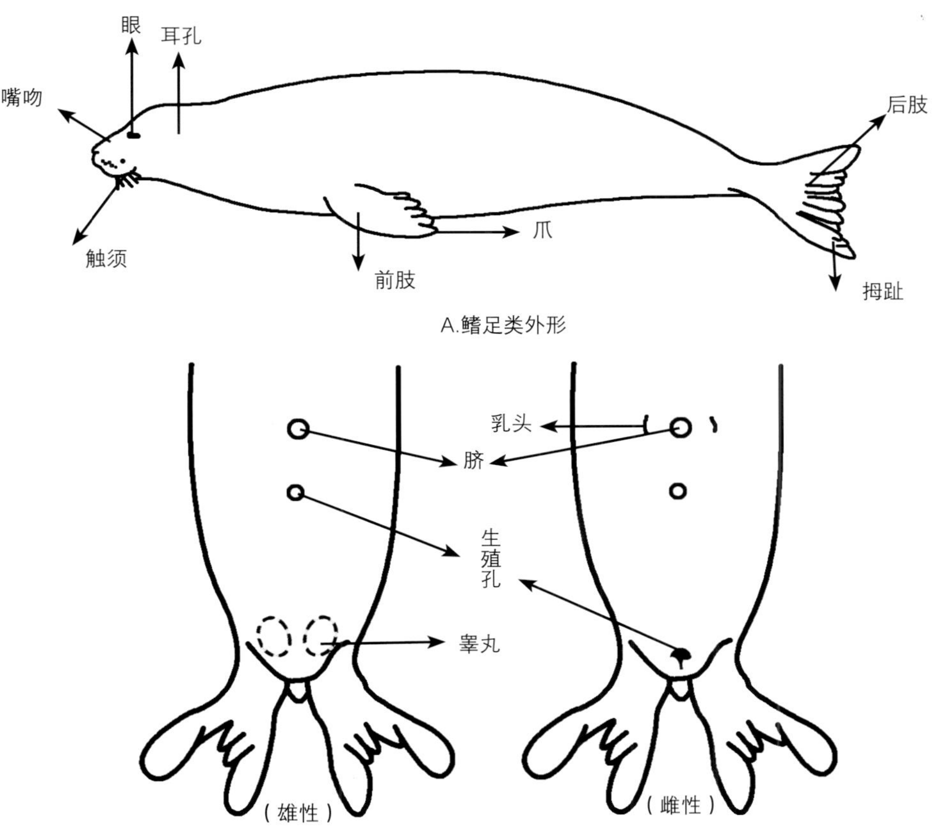

A.鳍足类外形

B.脐足类的雌雄外形

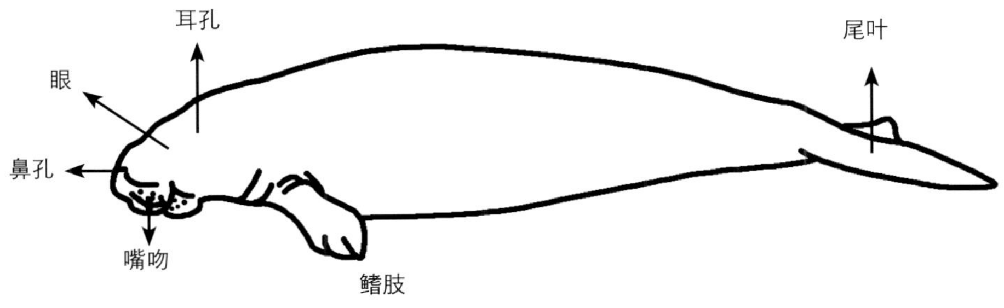

C.海牛类外形

海洋兽类(Marine Beasts)

哺乳纲鳍脚目（也称鳍足目）中的海狮、海豹、海象、海狗以及海牛目中的儒艮，习惯中也统称海洋兽类。全球约有36种，其中海狮、海狗14种，海豹18种，海象、儒艮及海牛各1种，我国有记录的只有6种，除斑海豹、儒艮有一定数量外，其他4种只是匆匆“过客”。

海狮与海狗的共同特征是吼声如狮，且头部有明显的外耳廓，后鳍肢能向前转到体下面，在陆上的运动能力较强，其中海狗通常长有长的针状毛，在针毛之下还有紧密的绒毛，使外观呈厚毛状，前鳍肢的毛在腕部急止，掌部的顶面完全裸露。而海狮毛短而硬，雄性还有发达的鬃毛。海豹类头部没有外耳廓，且后鳍肢也不能向前转到体下，陆上运动能力较差。儒艮的长相则很特别，据考证为古代偶蹄类动物向海洋中发展的一支，与牛相似，故有“海牛”之称。

除了儒艮外，海兽类一般都白天下海“捕鱼捉虾”，晚上休息及繁殖都在岸上，且沿袭“一夫多妻”制。

(34) 儒艮

Dugong dugon (Müller, 1776)

【汉语拼音】 rú gèn 【英文名】 Dugong
【别　　名】 海牛、美人鱼
【同物异名】 *Trichecus dugon, Halicore australis*
【分类地位】 海牛目 Sirenia, 儒艮科 Dugongidae

【形态特征】 体呈纺锤形，身体圆胖，后部侧扁。头部比例小，无明显颈部。**皮肤较光滑，被短而稀疏的毛**。吻前端截形，扁平，**似口套状的吻盘**，口向腹面张开，唇上有粗短刚毛。**鼻孔位于头的背面近前端**。眼很小，位于鼻孔之后，瞬膜发达。无耳壳，耳孔小，位于眼后两侧。通常下门齿、犬齿和1对上门齿退化，仅留痕迹。**雄性1对门齿露出较长，雌性齿不外露**。雌性乳头1对，位于胸部。也无背鳍，鳍肢呈桨状，末端卵圆形，趾端无爪。后肢完全消失，尾叶宽大、扁平，水平位，**中央具凹刻痕**。

成体背部灰黄色或苍灰色，腹面灰色，头颈及鳍肢、尾叶的上面较深，下面较淡。

【生物与生态学特性】 成年体长可达3.3m，体重400kg以上，雄性个体大于雌性。几乎全年都可进行繁殖，妊娠期13~14个月，每产1仔。初生仔兽体长1~1.5m，体重20kg。以各种藻类为食。

通常单独或2~3头小群活动，很少集成大群。喜栖息在沿岸海草丛生的浅水域，很少游向外海。有时能进入河口，但不在淡水中栖息，常在涨潮时随流进入海湾内港摄食海草，落潮时又随流退出。游泳速度很慢，通常为4~9km/h，潜水时间最长为8min。

【分布】 广泛分布于印度洋、西太平洋热带的大陆沿岸水域和岛屿间，我国主要分布于东海南部及南海。2002年5月，在东海北部的普陀山东北莲花洋面上也曾误捕到一头，当地渔民称之为"海和尚"，但未留下测量资料及照片。

【现状与保护】 已列入《濒危野生动植物种国际贸易公约》(CITES)附录Ⅰ，世界自然保护联盟(IUCN)列为易危物种，《中国物种红色名录》中列为极危物种，现为我国Ⅰ级保护动物。

图34 儒艮*Dugong dugon* a.头部侧面 b.头部正面 c.侧面 d.腹面 (依2001 Encyclopaedia Eritannica,Inc.)

(35) 斑海豹

Phoca largha (Pallas, 1811)

【汉语拼音】 bān hǎi bào 【英文名】 Larga seal, Spotted seal, Harbor seal
【别　名】 海狗、腽肭兽、普通海豹、西太平洋斑海豹
【同物异名】 *Phoca stejngeri, Phoca petersi*
【分类地位】 鳍脚目 Pinnipedia，海豹科 Phocidae

【形态特征】 体肥壮略呈纺锤形，**头圆而平滑**，颈短而粗圆。眼大，吻短宽，生有稀疏触须。**无外耳廓**。**齿强大**，成体**上颌第二后犬齿达到或大于6.8mm，下颌第一后犬齿具4个齿尖**。前肢短于后肢，可伸曲，具5趾，以第一趾最长，第三趾短于相邻趾。**后肢向后直伸，不能前屈**，两外侧趾长于内侧3趾。**四肢均有蹼**，蹼上均生毛，**前端具爪**，前肢爪发达、尖细。后肢爪显著退化。**尾短小，夹于后肢之间**。雌性具一对乳房。

成体被较稀疏绒毛，灰黄色或炭灰色，**内具10~20mm的暗色椭圆形点斑，全身点斑的颜色相当平均**，有些个体的点斑围有浅色的环。初生仔兽体被白色绒毛，断奶后脱毛为成体颜色。

【生物与生态学特性】 雄兽体长最大可达2.14m，重150kg，雌兽稍小，通常为1.8m，重120kg。初生仔兽体长0.74~0.90mm，重6~10kg。性成熟年龄雄兽3~4年，雌兽3~5年。以各种鱼类、乌贼、章鱼等头足类以及甲壳类等为食。

在我国北方分布的斑海豹，每年2月初在渤海北部的冰上产仔，每胎1仔。立春以后，初生幼体随亲兽乘浮冰顺北风南移，哺乳期1个月左右，期间双亲都有护幼习性。小海豹生长很快，2月中、下旬有的可达32kg，17d后小海豹开始脱毛。

【分布】 主要分布于北冰洋的楚科奇海及北太平洋的白令海、鄂霍次克海、日本海。我国主要分布于渤海和黄海，向南到浙江沿海也偶有捕获。

【现状与保护】 1979年国务院颁布了《水产资源保护条例》，其中第二条规定对包括斑海豹在内的80余种水生动物加以重点保护。1983年起，辽宁省人民政府颁布法令禁捕。世界自然保护联盟**(IUCN)**列为低危物种，《中国物种红色名录》中列为濒危物种，现为我国Ⅱ级保护动物。

图35-1 斑海豹*Phoca largha* a.成年 b.幼年 (依 http://lazovzap.dvo.ru/pictures/phoclarg.jpg等)

图35-2 群栖斑海豹*Phoca largha* (依Wen Bo, 2006年5月)

(36) 环斑小头海豹

Pusa hispida (Schreber, 1775)

【汉语拼音】huán bān xiǎo tóu hǎi bào 【英文名】Ringed seal
【别　　名】北欧海豹、环海豹、圈海豹、环斑海豹
【同物异名】*Phoca hispida, Phoca foetida*
【分类地位】鳍脚目 Pinnipedia，海豹科 Phocidae

图36-1 环斑小头海豹*Pusa hispida*幼体

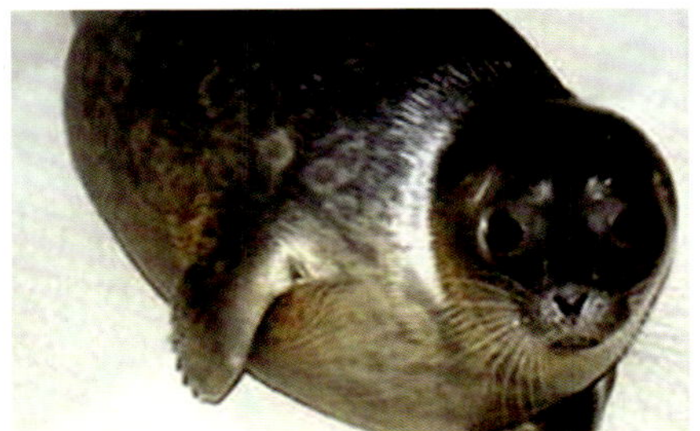
图36-2 环斑小头海豹*Pusa hispida*成年个体

【形态特征】**体呈纺锤形，较丰满。头较小，头部近圆形，额部宽下巴尖，吻短而钝**，颈短而粗。眼大而显著。**无外耳廓**。**齿弱**，成体**上颌第二后犬齿小于6.8mm**，**下颌第一后犬齿具3个齿尖**。前肢短于后肢，可伸曲，具5趾，第三趾短于相邻趾。**后肢向后直伸，不能前屈**。后肢爪显著退化，**四肢均有蹼**，蹼上均生毛，**前端具爪**，前肢爪发达、尖细。**尾短小，夹于后肢之间**。雌性具一对乳房。

体毛粗硬，平常没有绒毛，**但冬季的体毛中有很多绒毛**。头骨上没有矢状嵴。身体的背部为深棕灰色，体侧及背部具有不太清晰的漆黑色或炭灰色斑纹，斑纹的大小和形状都不规则，**在斑纹的周围还镶有白色的边**。腹面近似白色，一般没有或极少有斑纹。

【生物与生态学特性】成体体长1.21~1.35m，体重大约90kg，在海豹类中为体形最小的一种。雌兽于春季在冰上产仔，妊娠期约11个月，初生幼仔体长0.65m，重约4.5kg，体毛为白色，出生后1~2周后逐渐改变，哺乳期2个月，6~7龄达性成熟。以小型鱼类、大洋性端足类、磷虾及其他甲壳类为食。

【分布】分布于整个北冰洋、鄂霍次克海、白令海、波罗的海、拉多加湖、赛马湖等水域中，在我国曾见于江苏赣榆附近海域。

【现状与保护】世界自然保护联盟(**IUCN**)列为低危物种，《中国物种红色名录》中列为濒危物种

图36-3 悠闲的环斑小头海豹

(37) 髯海豹

Erignathus barbatus (Erxleben, 1777)

【汉语拼音】 rán hǎi bào 【英文名】 Bearded seal
【别 名】 髭海豹、须海豹、胡子海豹
【同物异名】 *Phoca barbatus, Phoca leporina, Phoca nautica*
【分类地位】 鳍脚目 Pinnipedia, 海豹科 Phocidae

【形态特征】 体型较长，头圆而略狭小，颈部短。**上唇触须粗硬而光滑，每侧约120根，可长达150mm，常遮盖口线。无外耳廓。前肢末端近方形至圆形，可前伸，趾等长或第三趾稍长，各趾均具爪。后肢向后伸而不能前屈。**尾短小。**雌性有乳头2对，位于腹部。**

毛被不具显著的点斑、环斑、块斑、带斑或条纹，体色以背部中线附近的颜色最深，向腹面逐渐变淡，头部的颜色略深。雌兽有时具不明显的斑纹。初生仔兽被灰褐色胎毛。

【生物与生态学特性】 成体体长2.2~2.5m，体重235~361kg。每年5-7月交配，雌兽妊娠期约11个月，3-5月在冰上产仔，每胎1仔，初生幼兽体长约1.2m，重约14kg，毛皮为瓦灰色、灰褐色，约2周后生出棕灰色的刚毛。主要以底栖性的虾、蟹、双壳类、头足类以及海参和鲆、鲽等鱼类为食。

在洄游时大多分散活动，一般不集成大群，夏季喜欢聚集在河口附近。雄兽警惕性很强，在冰上活动时，略感到一点危险，即会迅速逃入水中。

【分布】 分布于北冰洋、北大西洋、北太平洋等寒带海域，包括白令海、阿拉斯加、阿留申群岛、格陵兰岛、纽芬兰、库叶岛等地，洄游时偶尔进入我国东海及南海海域。

【现状与保护】 世界自然保护联盟(IUCN)列为低危物种，现为我国Ⅱ级保护动物。

图37 髯海豹*Erignathus barbatus*

(38) 北海狗

Callorhinus ursinus (Linnaeus, 1758)

【汉语拼音】 běi hǎi gǒu 【英文名】 Northern fur seal
【别　　名】 膃肭兽、北海熊、海狗
【同物异名】 *Phoca ursinus, Otaria krachenninikowii*
【分类地位】 鳍脚目 Pinnipedia，海狮科 Otariidae

【形态特征】 体呈纺锤形，吻很短且下曲。头圆，眼较大。**具外耳廓，耳廓相对长而明显**。四肢短，呈鳍状。前肢毛止于腕部，掌部的顶面完全裸露，**第1指短于第2指。后肢可向前弯曲，各趾几乎等长**。尾极小。

体被针状粗毛和绒毛，针毛长，外观呈厚毛状，**绒毛短而致密，但四肢腕部以下无毛**。体色随年龄而异，成兽的背部呈深棕灰色或黑棕色，腹面稍淡。刚出生时幼海狗体呈黑色，约1岁蜕毛后换为黑棕色，2年后变为成兽的体色。

【生物与生态学特性】 两性个体差异大，雄性成兽体长2.0~2.5m，体重180~300kg，而雌兽体长仅为1.45m左右，重约63kg。繁殖习性奇特，每年夏秋季，分居于各地的海狗会聚集于白令海中的各个岛，集中繁殖，不但一雄多雌，且在争夺雌性时偶有争斗场面出现。初生仔兽具带光泽的黑色毛皮，秋末渐变为与成体相似的深棕色，哺乳2~4个月。海狗的食性很广，主食头足类、鱼类、甲壳类，偶也捕食鸟类。海狗通常4年就可达性成熟，一般年龄为16岁，最大不超过25岁。

【分布】 分布于北太平洋的白令海、鄂霍次克海以及科曼多尔群岛、千岛群岛、阿留申群岛等地的沿岸及岛屿，我国山东即墨、江苏如东和广东阳江、台湾高雄等海域也有发现。

【现状与保护】 世界自然保护联盟 (**IUCN**) 及《中国物种红色名录》均列为易危物种，现为我国Ⅱ级保护动物。

图38-2 北海狗“一家”

图38-1 北海狗*Callorhinus ursinus* a.群栖 b.捕食企鹅 c.雌雄个体 (依http://baike.baidu.com/等)

海洋龟类（Turtle）

海龟是爬行纲龟鳖目海龟科动物的统称，全球共发现7种，其中我国有棱皮龟、绿海龟、蠵龟、玳瑁和太平洋丽龟等5种，主要分布在南海。与陆地上的其他龟不同，陆龟有时会成“缩头乌龟”，而海龟的头部无法缩入甲内。此外，海龟的前肢为适应海中生活而演化成桨状，前后爪明显退化。

常见海龟的个体一般都很大，如棱皮龟体长可达2m多，重约300kg，也有报道最重可达800kg，称得上是现今海洋世界中最大的爬行动物。海龟虽为海生种类，但在繁殖季节，雌龟要离开海洋到岸上产卵。

五种海龟的识别相对比较简单：棱皮龟的背甲有多条棱状突起蠵可以“一目了然”；太平洋丽龟的侧甲为6～7块，　龟的侧甲为5块，绿海龟、玳瑁的侧甲则都为4块；绿海龟只有1对前额鳞，背甲不呈覆瓦状排列，而玳瑁的前额鳞有2对，且背甲略呈覆瓦状排列。

(40) 蠵龟

Caretta caretta (Linnaeus, 1758)

【汉语拼音】 xī guī 【英文名】 Loggerhead turtle
【别　　名】 赤蠵龟、红海龟、灵蠵、灵龟、嘴蠵、太平洋蠵龟
【同物异名】 *Tsetudo caretta, Thalassochely caretta*
【分类地位】 龟鳖目 Testudiformes，海龟科 Cheloniidae

【形态特征】 头较大，上、下颌均具钩状喙。头部前方背面具对称大鳞片，前额鳞2对。幼体背部具3条强棱，成体背部无棱。背部甲片平铺镶嵌排列。颈甲1块，椎甲5~6块，侧甲每侧通常为5块，缘甲每侧11~12块。背甲后缘呈锯齿状。腹甲较平坦，每侧桥甲处有3块下缘甲。四肢扁平呈桨状，前肢大，后肢小，内侧各有2爪。尾短。

背部棕红色或红褐色，有不规则的土黄色或黑色斑纹。腹部黄色或柠檬黄色。

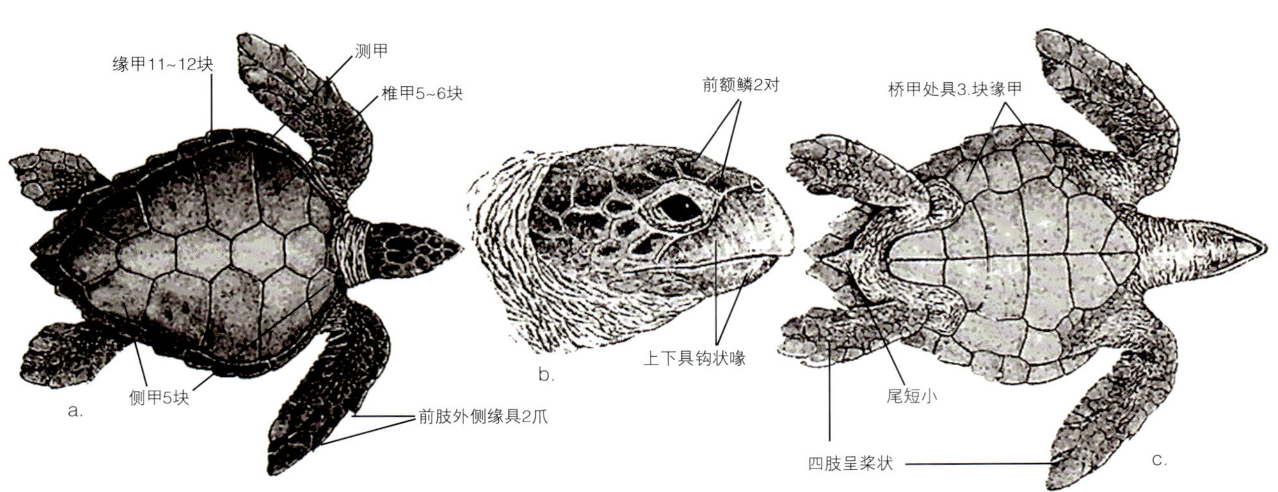

图40-1 蠵龟*Caretta caretta* a.背面 b.头侧面 c.腹面 (依abyssoblu.com.)

【生物与生态学特性】 成年蠵龟背甲长可达1.2m，最大体重约200kg。每年5—7月为繁殖季节，其主要产卵场为日本的冲绳、鹿儿岛等沿海沙滩。繁殖期间雌、雄龟在沿海岩礁附近交配，此后，雌龟晚间上岸在沙滩上挖坑并将卵产在其中，用沙覆盖后，离开产卵场所，回到岩礁间休息、觅食，15~20d后再上沙滩挖穴产卵一次。每次产卵130~150枚。卵白色，球形，直径约40mm，经45~60d自然孵化，稚龟破壳而出，随即迅速爬向大海。幼龟通常在12年以后才能达性成熟。

蠵龟杂食性，常在珊瑚礁区域或古沉船处啃食海藻，也摄食海绵、甲壳类、头足类及双壳类等。

【分布】 分布于太平洋、印度洋、大西洋等热带海域。我国沿海也均有分布。

【现状与保护】 已列入《濒危野生动植物种国际贸易公约》(CITES)附录I，世界自然保护联盟(IUCN)列为濒危物种，《中国物种红色名录》中列为极危物种，现为我国Ⅱ级保护动物。

图40-2 成体和孵化不久的幼体 (依http://www.jcu.edu.au/school/tbiol/zoology等)

(41) 绿海龟

Chelonia mydas (Linnaeus, 1758)

【汉语拼音】 lǜ hǎi guī 【英文名】 Green turtle
【别　名】 海龟
【同物异名】 *Chelonia agassizii*
【分类地位】 龟鳖目 Testudiformes，海龟科 Cheloniidae

【形态特征】 吻相对圆短，上颌平而下颌略向上钩。头部背面具对称大鳞片，**前额鳞1对**。背甲呈心脏形，**甲片平铺镶嵌排列，无明显棱起。颈甲1块，**短而宽。椎甲5块，两侧尖出，与侧甲(肋盾)交叉排列。**侧甲每侧4块，缘甲每侧11块**。腹甲平坦，前端具1块呈倒三角形的间喉甲(盾)，每侧桥甲处有4块下缘甲(盾)；腋区和胯区有若干小盾片。**四肢扁平呈桨状，被有大鳞**，前肢明显长于后肢，**内侧各具1爪**，雄性的爪大而弯曲呈钩状。尾短。

背部棕褐色或橄榄色，杂有黄白色放射纹，腹部黄色。

【生物与生态学特性】 **体型较大，最长可达1.4m，体重100kg以上**。生活习性与蠵龟类同，每年4-10月为繁殖季节，雌雄龟先在礁盘边缘的水面上交配，交配后雌龟于晚间上岸并在沙地中挖坑产卵，每次产卵100余枚，产卵后用沙覆盖，返回大海。卵呈圆球形，白色，外壳似羊皮，具有弹性。卵直径41~44mm，重41.5~51g，孵化期44~77d。稚龟出壳后，亦爬入大海。通常以甲壳类、小型鱼类以及海藻为食。

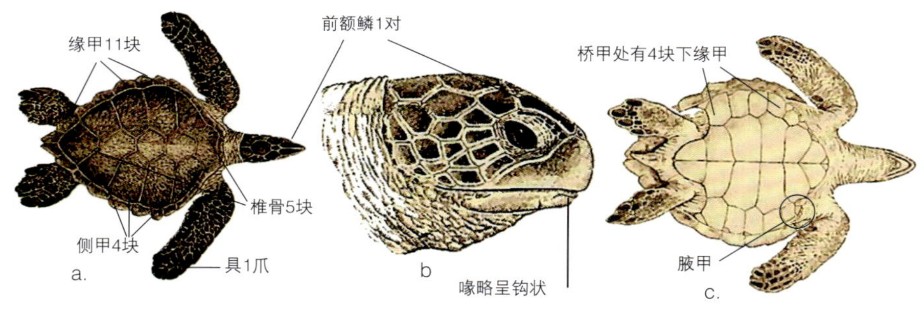

图41-1 绿海龟*Chelonia mydas* a.背面 b.头侧面 c.腹面 (依abyssoblu.com.)

图41-2 成年绿海龟*Chelonia mydas*(依http://zoltantakacs.com/zt/im/scan/reptiles/等)

【分布】 广泛分布于大西洋、太平洋和印度洋，我国沿岸均有分布，尤以南海诸岛居多。

【现状与保护】 已列入《濒危野生动植物种国际贸易公约》(CITES)附录I，世界自然保护联盟(IUCN)列为濒危物种，《中国物种红色名录》中列为极危物种，现为我国Ⅱ级保护动物。

(42) 太平洋丽龟

Lepidochelys olivacea (Eschscholtz, 1829)

【汉语拼音】 tài ping yang lì guī 【英文名】 Olive ridley, Pacific ridley
【别　　名】 丽海龟、丽龟
【同物异名】 *Chelonia olivacea*
【分类地位】 龟鳖目 Testudiformes，海龟科 Cheloniidae

【形态特征】 头形适中，**上颌突出于下颌，前端有明显的钩状突起**。头部背面具对称的大鳞片，**前额鳞2对**。颈甲1块；**椎甲6~7块，最后一块形大，向两侧扩展。侧甲每侧6~7块，左右第一块侧甲均与颈甲相切。缘甲每侧13块**，最后一块具凹缺，体侧缘甲微向上翘。腹面桥甲处**有4块下缘甲，每块下缘甲的后缘各有1个小孔**。四肢扁平，呈桨状，覆有大鳞片，前肢大，末端尖长如剪，后肢小，末端呈铲状，前肢具1~3爪。尾短，雌体不露出或略微露出甲外，雄体通常会露出甲外40mm以上。

体背深橄榄色，腹面黄白色。

【生物与生态学特性】 体型小，为海龟中最小的一种，体长0.6~0.7m，体重12~20kg。以软体动物、海 胆及小型鱼类及甲壳类为食，其他习性与海龟相似。

图42-2 雌雄海龟交配

图42-3 雌海龟上岸产卵

【分布】 我国黄海、东海及南海均有分布，但不常见。

图42-4 被近海渔网缠死的太平洋丽龟 *Lepidochelys olivacea*

【现状与保护】 已列入《濒危野生动植物种国际贸易公约》(CITES)附录I，世界自然保护联盟(IUCN)列为濒危物种，《中国物种红色名录》中列为极危物种，现为我国Ⅱ级保护动物。

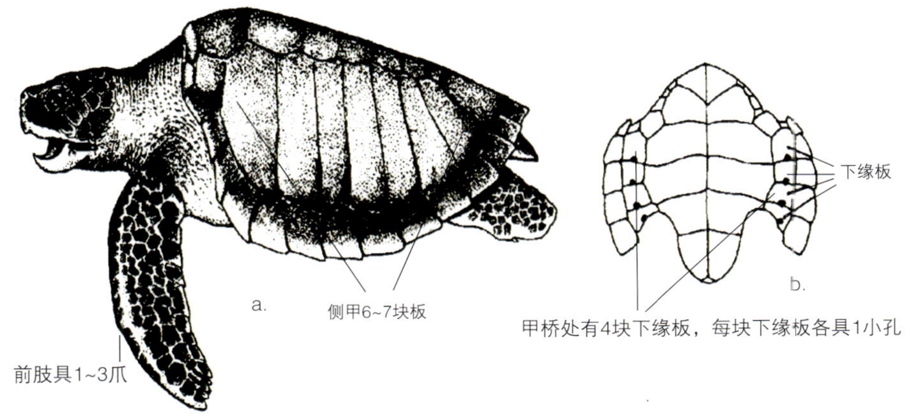

图42-1 太平洋丽龟*Lepidochelys olivacea* a.外形 b.腹面 (依http://www.fao.org/docrep)

(43) 玳瑁

Eretmochelys imbricata (Linnaeus, 1766)

【汉语拼音】 dài mào 【英文名】 Hawksbill turtle, Pacific hawksbill turtle, Tortoise-shelled turtle
【别　　名】 十三鳞、海龟
【同物异名】 *Testudo imbricata, Chelone imbricata*
【分类地位】 龟鳖目 Testudiformes，海龟科 Cheloniidae

【形态特征】 吻长而侧扁，**上颌前端钩曲似鹰嘴**，头部背面具对称大鳞片，**前额鳞2对**。颈前部具若干小鳞片。**背甲各甲片呈覆瓦状排列，随着年龄的增长，渐趋于平铺镶嵌排列**。颈甲1块，与第一对缘甲并列，并向前凸出。椎甲5块，自第一椎甲后端开始至第五椎甲，**有1明显的中棱脊**。侧甲每侧4块，缘甲每侧11块，**缘甲在体后2/3处开始形成锯齿状**。臀甲2块，其间有1缝隙。腹甲前后缘弧形，前缘有1块小形的喉甲，两侧自肱甲至肛甲中间都有一条隆起，因而在腹部有2条明显的棱嵴。每侧桥甲处有4块下缘甲，在腋、胯区分布有数枚小盾片。四肢扁平呈桨状，覆有大鳞，前肢大，具两爪，后肢宽短而小，仅具1爪。尾短小。

背部棕红色，杂有浅黄色小花纹，头及四肢棕色，腹部黄色，有褐斑。

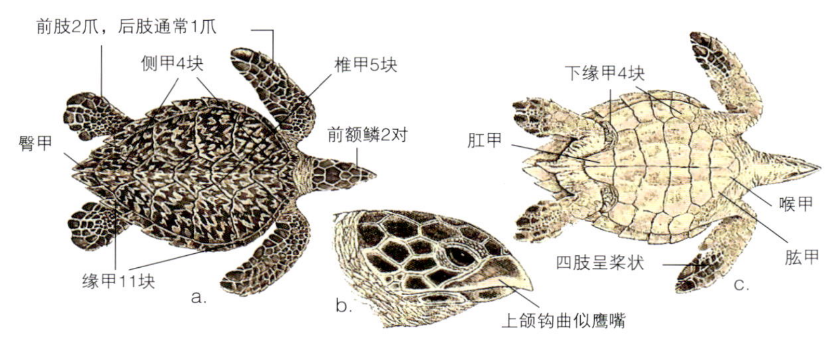

图43-1 玳瑁*Eretmochelys imbricate* a.背面 b.头侧面 c.腹面 (依http:/abyssoblu.com.)

图43-2 海中觅食的玳瑁*Eretmochelys imbricate* (依http://Caroline Rogers, USGS/等)

【生物与生态学特性】 个体较小，成体体长仅0.5~0.6m。每年2月下旬开始繁殖。产卵时离水登陆，在沙滩上挖穴产卵，产卵数一般比海龟少，而多时亦可达150枚以上。卵白色，圆球形，直径35~40mm，孵化期约60d。以软体动物、海藻及鱼类等为食。

图43-3 刚孵化出来的幼玳瑁

【分布】 主要分布于热带和亚热带海洋，我国分布于山东、江苏、福建、台湾、广东及广西海域。

【现状与保护】 已列入《濒危野生动植物种国际贸易公约》(CITES)附录I，世界自然保护联盟(IUCN)和《中国物种红色名录》中均列为极危物种，现为我国Ⅱ级保护动物。

图43-4 玳瑁*Eretmochelys imbricate*产卵 (依http://www.toothandscale.com/等)

(44) 棱皮龟

Dermochelys coriacea (Vandelli, 1761)

【汉语拼音】 léng pí guī 【英文名】 Leatherback turtle
【别　　名】 舢板龟、革龟、燕子龟
【同物异名】 *Testudo coriacea, Sparghis coriacea*
【分类地位】 龟鳖目 Testudiformes，棱皮龟科 Dermochelyidae

【形态特征】 头大，颈短，头部具有排列不规则的鳞片。**喙缘锐利，上颌喙前端有2个三角形齿突。**幼体的背腹及四肢均覆以多角形小鳞片，成体时鳞片消失，披以革质皮肤。**体背具7条由小骨板构成的纵棱，故又称七棱皮龟。**四肢桨状，均无爪。前肢非常发达，后肢短，长度不及前肢的一半。尾短小，尾与后肢间有蹼膜相连。

图44-2 成年棱皮龟*Dermochelys coriacea*
（依http://costa-rica-guide.com/等）

【分布】 广泛分布于太平洋、大西洋和印度洋，我国沿岸海域均有分布。

【现状与保护】 列入《濒危野生动植物种国际贸易公约》(CITES)附录Ⅰ，世界自然保护联盟(IUCN)和《中国物种红色名录》均列为极危物种，现为我国Ⅱ级保护动物。

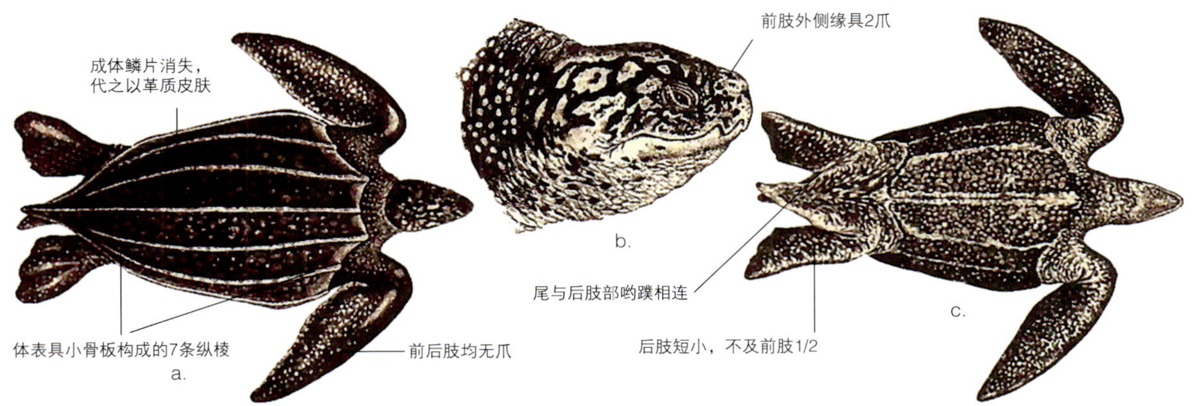

图44-1 棱皮龟*Dermochelys coriacea* a.背面 b.头侧面 c.腹面 （依abyssoblu.com）

幼体背部灰黑色，纵棱和四肢边缘淡黄色，腹部色淡，散有黑斑。成体背部黑褐色，杂以淡黄色的斑点，腹部灰白色。

【生物与生态学特性】 为现存龟鳖类中个体最大的种类，龟壳长可达2m多，重约300kg，也有报道最重可达800kg。也是唯一生活于大洋中的种类，仅在繁殖时游近陆地，在近海沙堆上挖穴产卵。全年均能产卵，但主要集中在5-6月间，一次可产卵90~150枚。卵径50~60mm，经65~70d自然孵化，稚龟破壳而出，随即潜水入海。

主要以腔肠动物、软体动物、棘皮动物、甲壳类以及鱼类、海藻等为食。

图44-3 孵化前后的棱皮龟 （依http://costa-rica-guide.com/等）

东海区珍稀水生动物图鉴

海洋龟类（Turtle）

四/海蛇类

Sea snake

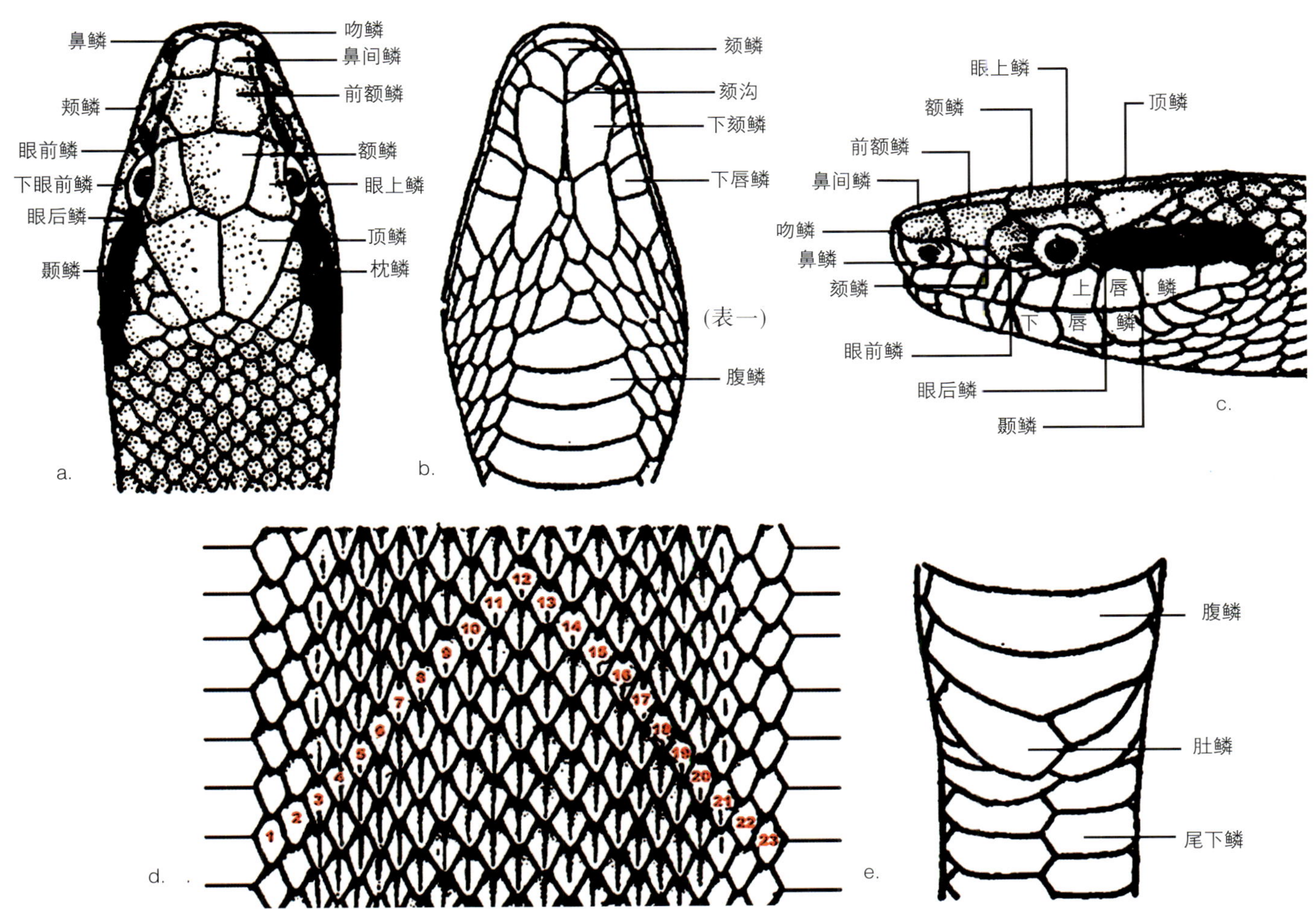

海洋蛇类（Sea snake）

全球海蛇约有60余种，大部分隶属于眼镜蛇科Elapidae，与陆地上的眼镜蛇有密切的亲缘关系，除大西洋外，西起波斯湾东至日本，南达澳大利亚的暖水性海洋都有分布。我国已报道的有19种，主要分布于福建以及南海海域，其中13种被林业部列为“三有动物”，10种列入福建省重点保护野生动物名录。

大部分的海蛇终生生活于海水中，与陆生的蛇类在形态上有所差异，主要体现在尾部侧扁呈桨状，适合于游泳；鼻孔位于吻背，内具瓣膜可自由启闭，吸入空气后，关闭鼻孔可潜入水下达10分钟之久。舌下具盐腺，可随时排出随食物进入体内的过量盐分。凡终生生活于海水中的蛇类为卵胎生型，直接产仔，少数海蛇为海陆两栖型，则依然保持卵生，常在海滨沙滩上产卵，任其自然孵化。

海蛇主要以小型鱼类、甲壳类等为食，大部分有剧毒。

(45) 扁尾海蛇

Laticauda laticaudata (Linnaeus, 1758)

【汉语拼音】 biǎn wěi hǎi shé
【英 文 名】 Black-banded sea snake, Brown-lipped sea krait
【别　　名】 黑唇青斑海蛇
【分类地位】 蛇目 Serpentiformes，眼镜蛇科 Elapidae，扁尾海蛇亚科 Laticaudinae

【形态特征】 体略呈圆柱形，尾侧扁。头、颈部区分不明显，鼻孔侧位，中间有1对三角形的鼻间鳞。前额鳞1对，额鳞大，眼前鳞1，眼后鳞2，颞鳞1+2，上唇鳞7，3枚下唇鳞与前颏鳞相切。颏片2对。体鳞平滑覆瓦状排列，体中段鳞列为19行。腹鳞235~243。肛鳞2分，尾下鳞双行，43~47对。

生活时体呈蓝灰色，腹面略带黄色，**有黑褐环纹39~48个**。头部黑褐色，吻部向后延伸至眼下及唇部为黄色。

【生物与生态学特性】 此蛇有宽阔的腹鳞，可以活动于陆地上，而其尾鳍结构发展不足，在水中的活跃程度不及一般海蛇，因而虽说也可栖息于500m水深的岩礁区，但多数生活于浅滩区域甚至近海陆地之上。**多夜间出没**，以小型鳗类为食，尤以海鳗及康吉鳗为主。成体最大体长为1.2m。雄性0.53m、雌性0.58m达性成熟。夏秋生殖，卵生，每产2~6卵。交配在陆地，交配时雄蛇会抽动身体向雌蛇示爱。

本种海蛇很少攻击人类，但其毒性远超过眼镜王蛇。

【分布】 分布于北纬41°至南纬58°之间的热带海域，我国主要分布于台湾及福建沿岸。

图45-2 交配产卵中的扁尾海蛇 *Laticauda laticaudata* (依Groveling things)

【现状与保护】 列入《中国物种红色名录》易危物种及林业部的“三有”[①]保护动物名录。

图45-1 扁尾海蛇*Laticauda laticaudata* (依Thailand Fish and Nature Explorer)

① “国家保护的有益的或者有重要经济、科学研究价值的陆生野生动物名录”，简称“三有名录”或“三有”保护动物名录，2000年8月1日，国家林业部发布。

(46) 蓝灰扁尾海蛇

Laticauda colubrina (Schneider, 1799)

【汉语拼音】 lán huī biǎn wěi hǎi shé
【英 文 名】 Yellow-lipped sea snake, Yellow-lipped sea krait
【别　　名】 灰蓝刻扁尾海蛇、黄唇青斑海蛇
【分类地位】 蛇目 Serpentiformes，眼镜蛇科 Elapidae，扁尾海蛇亚科 Laticaudinae

【形态特征】 体呈圆柱形，尾侧扁。头大，头、颈部界线不明。鼻孔侧位，**鼻间鳞1对**。前额鳞1对，**其间嵌有1枚呈五边形的小鳞**。眼前鳞1，眼后鳞2。上唇鳞7或8，2-2-3或2-2-4式。颞鳞1+2。颏片2对，后颏片大于前颏片。第一对下唇鳞与1对前颏片之间有1枚小鳞片。体鳞呈覆瓦状排列，体中段鳞列23~25行。腹鳞雌性为234~242，雄性为234。肛鳞2分。尾下鳞雌性为33~35对，雄性为44对。

生活时体背蓝灰色，腹面灰黄色。**体有38~42+3~5个蓝黑色环纹**。头部蓝黑色，吻部延向两侧至上唇和颞部为灰黄色。

图46-1 蓝灰扁尾海蛇*Laticauda colubrine*生活图 (依Groveling things)

【生物与生态学特性】 与扁尾海蛇相似，蓝灰扁尾海蛇也有宽阔的腹鳞，可以活动于陆地上，而其尾鳍结构发展不足，在水中的活跃程度不及一般海蛇，故栖息于沿岸沙滩至10m水深的岩礁区，多夜间出没，以小型鳗类为食，尤以海鳗及康吉鳗为主。成体最大体长为1.7m。雄性0.55m、雌性0.80m达性成熟。卵生，每产4~7卵。交配在陆地，交配时雄蛇也会抽动身体向雌蛇示爱。

本种海蛇很少攻击人类，但其毒性远超过眼镜王蛇。

【分布】 分布于日本南部、菲律宾、新西兰、澳大利亚、斐济、汤加以及孟加拉湾至马来群岛等北纬41°至南纬58°之间的热带海域，我国产于台湾沿岸。

【现状与保护】 列入林业部的“三有”保护动物名录。

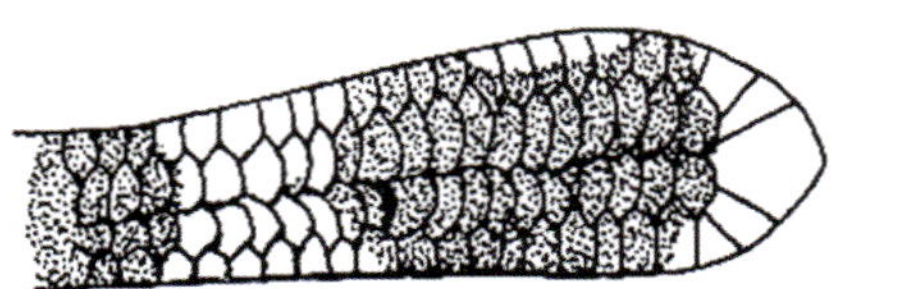

图46-1 蓝灰扁尾海蛇*Laticauda colubrine* a.头部背面 b.头部侧面 c.尾部侧面
(依del. McCann)

(47) 半环扁尾海蛇

Laticauda semifasciata (Reinwardt, 1837)

【汉语拼音】	bàn huán biǎn wěi hǎi shé	【英文名】	Erabu sea snake, Chinese sea snake
【别　　名】	阔带青斑海蛇		
【同物异名】	*Pseudolaticauda semifasciata*		
【分类地位】	蛇目 Serpentiformes，眼镜蛇科 Elapidae，扁尾海蛇亚科 Laticaudinae		

【形态特征】 头和躯干略呈圆筒形，界线不明，躯干前部细长，后部及尾部侧扁。**吻鳞横分为2，上枚嵌于左右鼻鳞之间**。鼻孔侧位，被1枚鼻间鳞所隔。前额鳞2，中间有1枚小鳞。额鳞大，盾形。眼前鳞1，眼后鳞2，颞鳞2+3，但分化不明显。上、下唇鳞均为7。下唇鳞在第3~6枚鳞缘具3枚小鳞。颏片1对，下唇鳞的前4枚与颏片相切。体鳞覆瓦状排列，鳞列为23-23-19行。腹鳞宽大，自体中段以后有1中央棱起，每一腹鳞后缘中央有1缺刻，肛鳞2分，尾下鳞35对。

生活时体背面灰褐色，腹面黄白色或浅青色，**全身有暗褐环状纹38+7个**。

【生物与生态学特性】 暖水性底栖蛇类，基本习性与扁尾海蛇类似，通常生活在近海，最深可达500m水深。以海鳗及康吉鳗等小型鱼类为食。成体最大体长1.5m，雄性0.70m，雌性0.80m达性成熟。夏季繁殖，卵生，每次产3~7卵。

【分布】 分布于北纬49°至南纬36°之间的印度-西太平洋热带海域。我国分布于辽宁至台湾沿海，日本及新几内亚岛等也有分布。

【现状与保护】 列入林业部的“三有”保护动物名录。

图47　半环扁尾海蛇*Laticauda semifasciata*（依Thailand Fish and Nature Explorer等）

(48) 棘鳞海蛇

Astrotia stokesii (Gray, 1846)

【汉语拼音】 jí lín hǎi shé
【英 文 名】 Stoke's sea snake
【分类地位】 蛇目 Serpentiformes，眼镜蛇科 Elapidae，海蛇亚科 Hydrophiinae

【形态特征】 体形粗壮、头中大，体粗壮。**背鳞末端尖突呈棱，常断裂为结节**，覆瓦状排列，体最粗部具鳞47~59行。**腹鳞前段少数完整，其余均纵裂为二，左右腹鳞略重叠排列**。生活时**背面有窄的黄褐色与宽的黑褐色相间的环纹32~33个**。

【生物与生态学特性】 迄今发现的个体最大的一种海蛇，成体体长1.2~2.0m，体重可达5kg，体最粗处身围可达0.26m。生活在沿岸至30m水深水质清澈的的岩礁区，繁殖季节为5-6月，卵胎生，初生幼蛇长0.4m，1.2m时可达性成熟，以鱼类为食。

剧毒，人被咬后5h致死。

【分布】 分布于北纬26°至南纬58°之间的印度-西太平洋热带海域。我国产于台湾沿岸，澳大利亚北部沿岸也有分布。

【现状与保护】 列入林业部的“三有”保护动物名录。

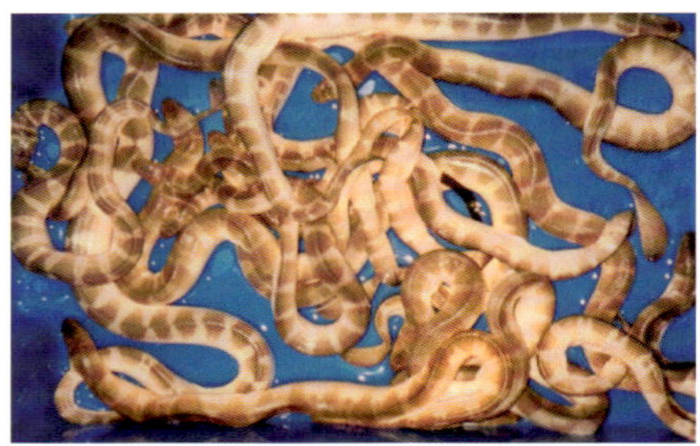

图48-1 棘鳞海蛇*Astrotia stokesii*

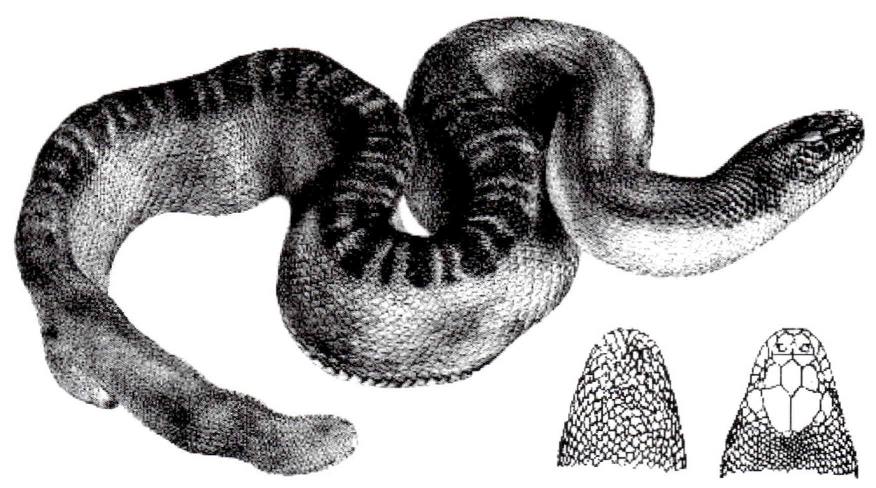

图48-2 棘鳞海蛇*Astrotia stokesii*模式图 (依:John Lort Stokes)

(51) 青环海蛇

Hydrophis cyanocinctus Daudin, 1803

【汉语拼音】 qīng huán hǎi shé
【英 文 名】 Chittue, Annulated sea snake
【分类地位】 蛇目 Serpentiformes，眼镜蛇科 Elapidae，海蛇亚科 Hydrophiinae

【形态特征】 体较细长，身体前部为圆形，后部至尾部逐渐侧扁。**头中等大**，上唇鳞8，左2-2-4式，右2-3-3式。下唇鳞9，**第2片下唇鳞以后的唇缘具有一列小鳞**。眼前鳞1，眼后鳞2，颞鳞左3+3，右2+3。背鳞31-40-30行，呈覆瓦状排列，具棱，躯干最粗部的背鳞近圆形。腹鳞332，体前段腹鳞宽约为相邻背鳞的2倍，后段稍窄。肛鳞分为3片，尾下鳞36片。

成体头背黄橄榄色，眼后及颞部有黄斑。体背深灰色，腹面黄橄榄色。体具青黑色环纹48+4个，环纹在背部宽而色深，腹部窄，体侧最窄而色浅。腹鳞部分呈黑色。据报道幼蛇的头部、环纹及腹鳞均呈黑色，随年龄增大而逐渐变浅。

【生物与生态学特性】 我国最常见的一种海蛇。成体体长1.2~2.0m，重0.5~1.5kg。生活在沿岸，尤其在河口较多见。善游泳，离开水则笨拙，呼吸时头伸出水面呼吸，主要以尖吻蛇鳗及其他小型鱼类为食。卵生，每产3~15卵。

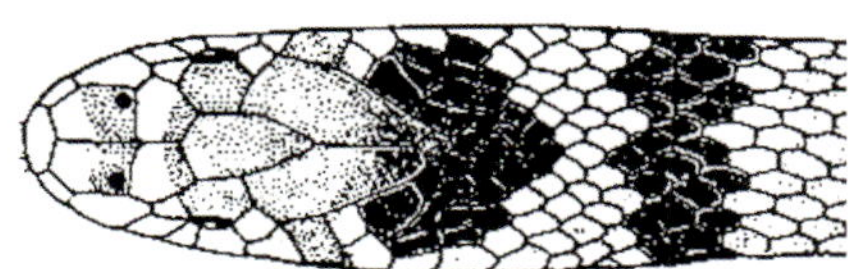

头背面观

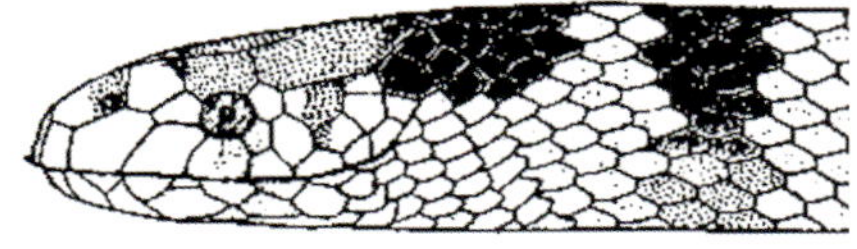

头侧面观

图51-1 青环海蛇*Hydrophis cyanocinctus* 头部外形模式图

图51-2 青环海蛇 (依Richdard seaman)

【分布】 在我国近海均有分布，系广布种。从辽宁、山东、江苏、福建、台湾、广东、海南至广西沿海均可采到，过去尤以南海最为常见。

【现状与保护】 列入《中国物种红色名录》易危物种、林业部的“三有”保护动物名录以及浙江省拟定保护动物名录①。

图51-3 青环海蛇*Hydrophis cyanocinctus* (依:Danielle)

① “浙江拟定重点保护水生野生动物”，2005年3月，由浙江省海洋与渔业局建议提出。

(52) 环纹海蛇

Hydrophis fasciatus Schneider, 1799

【汉语拼音】 huán wén hǎi shé
【英 文 名】 Cross-bandde sea snake, Striped sea snake
【同物异名】 *Hydrophis fasciatus atriceps*
【分类地位】 蛇目 Serpentiformes，眼镜蛇科 Elapidae，海蛇亚科 Hydrophiinae

【形态特征】 体前部细长，后部侧扁。头小，眼前鳞1，眼后鳞1。前颞鳞1。上唇鳞6~8，第二片与前颞鳞相切，下唇鳞7~8。颏片2对，相切。**第3、4片下唇鳞之间的唇缘常嵌有1小鳞**。肛前鳞4。颈部体鳞7~32行，体最粗部46~53行，多呈六角形，镶嵌排列，**成棱或具结节。腹鳞346~445，每一腹鳞具2个平行的结节**。

生活时**整个头部、体前腹部、腹鳞及尾末端均为黑色。体黄白色**。幼体为柠檬黄色，背深灰色，具黑色的完全环纹48~60+3~7，体侧的环纹较窄。

图52-1 环纹海蛇*Hydrophis fasciatus*外形（依 http://www.07758.com/Files/BeyondPic/）

【生物与生态学特性】 成体雄性最大体长1.10m，雌性0.9m。海栖，生活于海岸至水深40m海底，以小型鳗鱼及头足类为食，其他习性不详。

【分布】 分布于北纬41°至南纬58°之间的印度－太平洋海域，我国产于福建、台湾、海南、广东及广西沿海。

【现状与保护】 列入《中国物种红色名录》易危物种、林业部的"三有"保护动物名录。

图52-2 环纹海蛇*Hydrophis fasciatus*头部背面（依Aaron Savio Lobo）

(53) 黑头海蛇

Hydrophis melanocephalus Gray, 1849

【汉语拼音】 hēi tóu hǎi shé
【英 文 名】 Black-headed sea snake, Slender-necked seasnake
【分类地位】 蛇目 Serpentiformes，眼镜蛇科 Elapidae，海蛇亚科 Hydrophiinae

【形态特征】 **体前段细长，后段极侧扁**。体最大直径是颈部的2~3倍多。**头小**，上颌除前沟牙外还有6~8枚。额鳞狭长，上唇鳞7~8，眼前鳞1(2)。前额鳞通常单枚，较大，也有分裂为2片的。体鳞在颈部23~27行，体最粗部鳞列33~41行，覆瓦状排列，具棱。腹鳞289~385，具2棱。

头前额具黑色斑块，两侧偶有黄斑条。体背橄榄色或灰色，腹部黄色或白色，**具40~50个黑斑**，其宽与间隙相等，黑斑通常向腹面伸展，在体前部可于腹中线会合，形成环纹。

图53-1 黑头海蛇*Hydrophis melanocephalus*

【生物与生态学特性】 成体体长0.8~1.4m，栖息于近岸珊瑚礁或砂质海底，生活水深在40m以内，不上岸陆栖。常以头探沙，捕食以海鳗等为主的鱼类。卵胎生，繁殖季节为自夏天至秋天，每产4~5尾幼蛇。

剧毒，被咬中毒后有生命危险。

图53-2 黑头海蛇*Hydrophis melanocephalus*（依化野藤十郎）

【分布】 分布于北纬41°至南纬58°之间的印度-太平洋的越南、新几内亚、日本及中国海域，我国产于浙江、福建、台湾及广东、广西、海南沿岸。

【现状与保护】 列入林业部“三有”保护动物名录。

(54) 平颏海蛇

Lapemis curtus Shaw, 1802

【汉语拼音】 pìng kē hǎi shé 【英文名】 Hardwicke's sea snake, Shaw's sea snake, Short sea snake
【别　　名】 哈氏平颏蛇
【同物异名】 *Lapemis hardwickii*
【分类地位】 蛇目 Serpentiformes，眼镜蛇科 Elapidae，海蛇亚科 Hydrophiinae

【形态特征】 头较大，吻突出于下颌。颈较粗，直径为体最粗部直径的一半以上。鼻孔位于吻背，左右鼻鳞彼此相切。前额鳞与第二枚上颌鳞相切，眼径与眼下缘至口缘间距略等。眼前鳞1，眼后鳞1(2)。前颞鳞通常2，偶有1或3。上唇鳞7，最后2~3鳞小。颏片2对，相切，**左右颏片常为1~2列小鳞所隔，**有的颏片分化不明显。颈部体鳞雄性为23~41行，雌性为25~37行，体最粗部分雄性为27~39行。体鳞镶嵌排列，**各具一短棱。腹中线两侧各有4行较大体鳞，棱亦强，在成年雄性则呈强棘状。**腹鳞不发达，后部的退化或消失。肛鳞略大。

生活时头背灰橄榄色至黑色，头侧或有黄纹。体背绿色或橄榄黄色，与深灰蓝色或棕色构成**横纹35~45个**。腹面黄色。

【生物与生态学特性】 小型海蛇，成体体长0.7~0.8m，生活于近岸5km内的海礁区，性温和，仅在激怒时会反击撕咬，以鱼类为食。据国外报道，本种为胎生种类，每年5–8月为繁殖季节，初生幼蛇体长0.3m。

【分布】 分布于北纬49°至南纬58°之间的印度–西太平洋海域，我国产于山东、浙江、福建、台湾、广东及广西沿海。

【现状与保护】 列入林业部“三有”保护动物名录。

图54–2 平颏海蛇*Lapemis curtus*
（依Jaap Schelvis）

图54–1 平颏海蛇*Lapemis curtus* （依Snkes of Japan等）

(55) 小头海蛇

Microcephalophis gracilis Shaw, 1802

【汉语拼音】 xiǎo tóu hǎi shé
【英 文 名】 John's sea snake, Graseful small-headed sea snake, Slender seasnake
【分类地位】 蛇目 Serpentiformes，眼镜蛇科 Elapidae，海蛇亚科 Hydrophiinae

【形态特征】 **体前段细长，后段粗壮，略侧扁，尾侧扁。头小，吻端上颌突出于下颌甚多。**上颌齿6枚，具前沟牙2对。头部鳞片正常。眼前鳞1，眼后鳞1。前颞鳞1，后颞鳞通常为1。上唇鳞通常6，下唇鳞通常为7枚。体鳞在颈部19~20行，最粗部分33~40行，六边形，镶嵌排列。腹鳞小，**并列或交错排列，**雄性258~353，雌性289~337枚。**头部橄榄色至黄褐色，体背灰色，腹面灰白色。体最粗部分有明显的菱形灰褐色斑纹，在颈部较不明显，**全体共有此斑纹47~65+2~5个，**幼体斑纹呈网状。**

【生物与生态学特性】 生活于沿岸浅海，水深在40m以内的泥或泥沙底质。成体雄性体长0.95~1.25m，雌性1.03~1.49m。以鳗类为食，其他习性不详。

【分布】 分布于北纬30°至南纬58°之间的印度-西太平洋海域，我国产于浙江、福建、台湾、广东、广西和海南沿海。

【现状与保护】 列入林业部“三有”保护动物名录[①]。

图55 小头海蛇*Microcephalophis gracilis* (依http://www.07758.com/Files/BeyondPic/等)

①、《国家保护的有益的或者有重要经济、科学研究价值的陆生野生动物名录》，简称“三有名录”，2000年8月1日，国家林业部发布。

(56) 长吻海蛇

Pelamis platurus (Linnaeus, 1766)

【汉语拼音】 cháng wěn hǎi shé 【英文名】 Parti-colored sea snake, Yellow-bellied sea snake, Pelagic sea snake
【别　　名】 细腹鳞海蛇、黑背海蛇
【同物异名】 *Pelamydrus platurus*
【分类地位】 蛇目 Serpentiformes，眼镜蛇科 Elapidae，海蛇亚科 Hydrophiinae

【形态特征】 **体侧扁，尾部尤甚。**头狭长，吻长，上颌齿除前沟牙外还有7~11枚。眼前鳞1，眼后鳞2。前颞鳞2~3，后颞鳞通常为3。上唇鳞通常8~9，下唇鳞10~12。**颏片3对，中间间隔一列小鳞。**体鳞雄性颈部34~50行，中段43~59行，肛前44~48行。鳞为六角形或近方形，镶嵌排列。**体侧的鳞片有1短棱，最下几行具2~3个小短棱。**腹鳞雄性306~431，雌性315~426，与体鳞不易区别。

头背黑色，偶有黄斑。唇绿黄色。**体部背黑腹黄，截然分开，相连处或有淡黄色纵纹。尾端全黑，尾部有5~10块黑斑。**

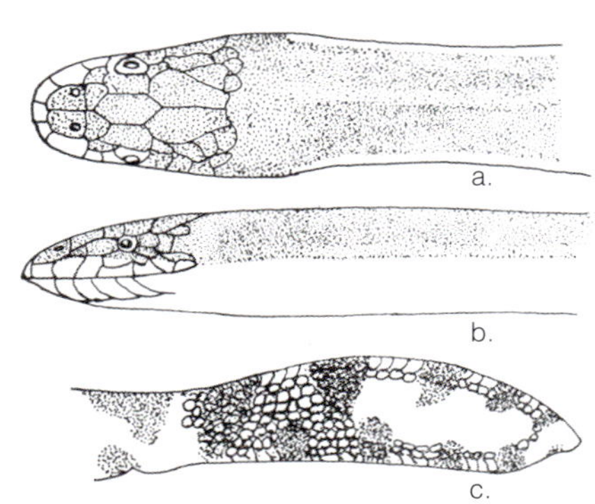

图56-1 长吻海蛇*Pelamis platurus*头部模式图 a.背面观 b.侧面观 c.腹面观 (依del. McCann)

图56-2 长吻海蛇*Pelamis platurus* (依Fieldnotes)

【生物与生态学特性】 成体体长0.5~0.7m，最长可达1m。能远离海岸生活，有时集大群于海面晒太阳。以小型鱼类、甲壳类等为食。卵胎生，年产仔蛇2尾以上。

【分布】 分布于日本海至澳大利亚海域，可达美洲海岸。我国产于浙江、福建、台湾、广东、广西和海南沿海。

【现状与保护】 列入林业部"三有"保护动物名录。

图56-3 长吻海蛇*Pelamis platurus* (依Fieldnotes)

(57) 海蝰

Praescutata viperina Schmidt, 1852

【汉语拼音】 hǎi kuí 【英文名】 Sea-viper，Viperine sea snake
【别　　名】 毒海蛇
【同物异名】 *Thalassophina viperina*
【分类地位】 蛇目 Serpentiformes，眼镜蛇科 Elapidae，海蛇亚科 Hydrophiinae

【形态特征】 头短，与颈部区分不明显，尾侧扁。上颌除前沟牙外还有5枚。鼻孔上位，无鼻间鳞，眼前鳞通常为1，眼后鳞2。颞鳞在个体间变化较大。上唇鳞7，下唇鳞8或9。**体鳞多呈六边形，镶嵌排列，具棱或结节**。颈部鳞列27~35行，体最粗部鳞列40~51行。腹鳞明显，纵惯全身，在体前段者较大，后段者较小。雄性239~279鳞，雌性249~300鳞。

背面青灰色，腹面灰白色或灰黄色，**两种颜色在体侧截然划分或逐渐过渡**。背面常有深色菱形斑纹。

图57-1 海蝰*Praescutata viperina*（依http://www.kwtdivers.com）

【生物与生态学特性】 生活于沿岸浅海，水深在40m以内的岩礁质底质。成体体长1.0m左右。其他习性不详。

【分布】 分布于北纬31°至南纬36°之间的印度-西太平洋海域，我国产于福建、台湾及广东、海南及广西沿岸。

【现状与保护】 列入林业部“三有’保护动物名录。

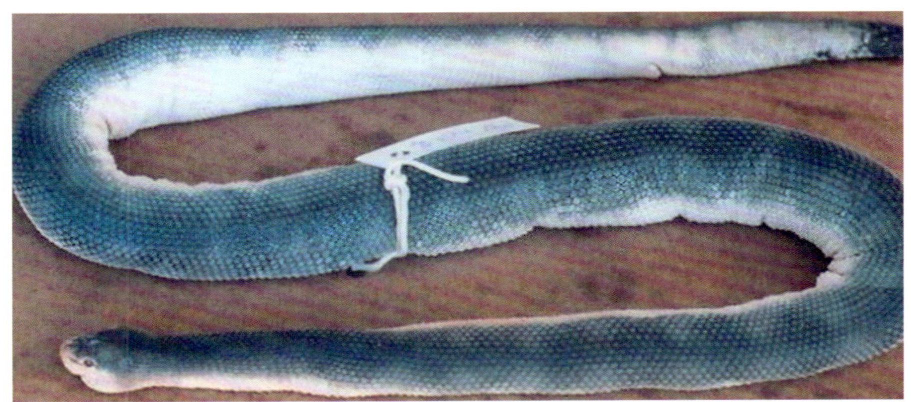

图57-2 海蝰*Praescutata viperina*（依DPMIAC）

海洋蛇类（Sea snake）

五/鱼类

Marine fish

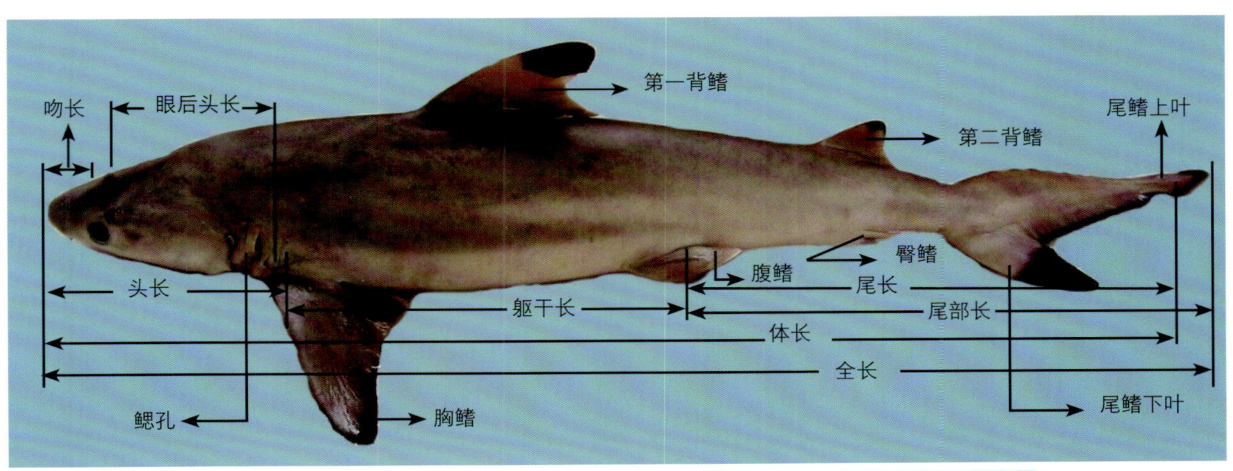

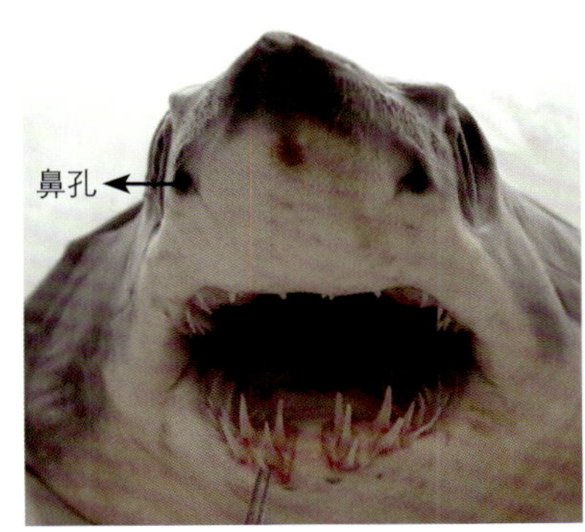

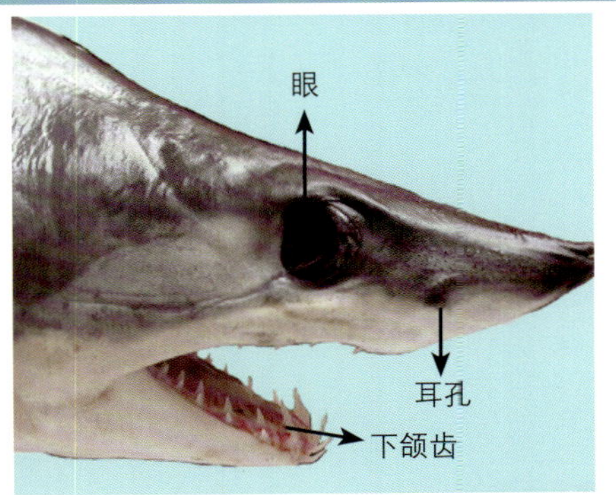

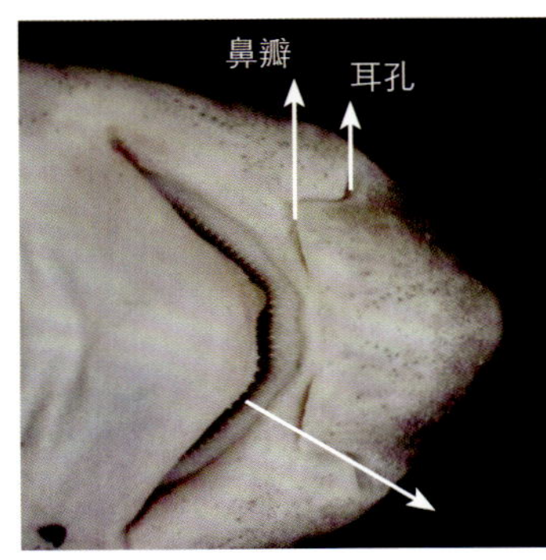

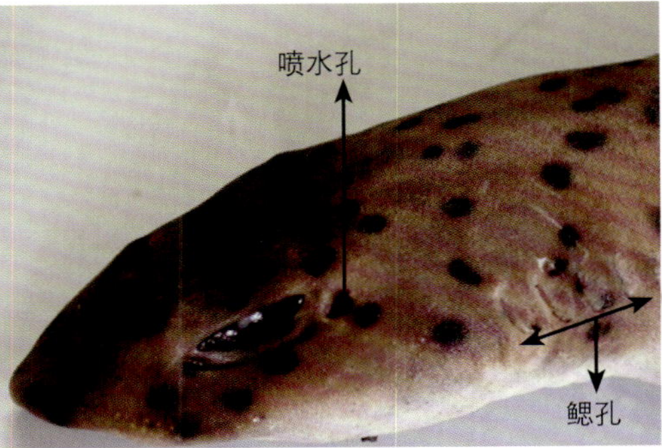

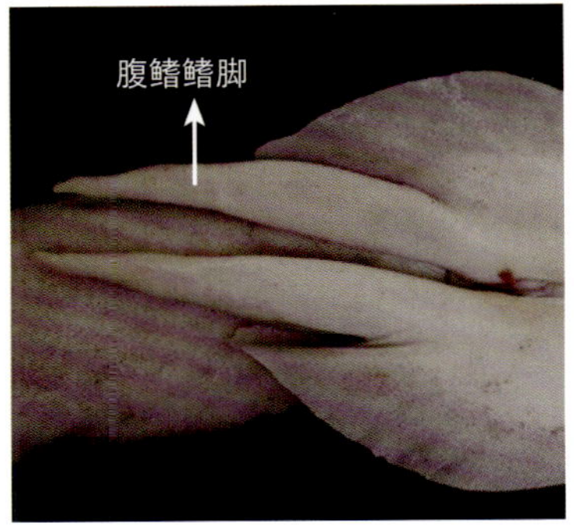

海鱼类（Marine fish）

古今中外习惯称“鱼”的动物很多，如鳄鱼、墨鱼、鲍鱼、星鱼、娃娃鱼、章鱼、鲸鱼等，其实这些都不属于“鱼”，真正的鱼类系指终生生活在水中、具有鳞片、用鳃呼吸、用鳍作为运动器官的变温性脊椎动物。

全世界约有鱼类31 200多种(依Fishbase)，大部分生活于海洋，我国报道的4 200多种鱼类中，有3100多种分布于海洋或海、淡交界水域。

现生鱼类主要有硬骨鱼纲和软骨鱼纲两个纲，理论上讲硬骨鱼纲的种类或多或少具有硬骨，而软骨鱼纲的种类则全为软骨。外形上两者区别也很明显，前者只有一个鳃孔，其外有骨质鳃盖，而后者大部分有5～7个鳃孔，没有鳃盖，如鲨类、鳐类，少数也是一个鳃孔，但其外为膜质鳃盖，如全头类，即银鲛类。

鲨类和鳐类的根本区别除了体形不同外，鳃孔的开孔位置也不同，鲨类的鳃孔位于头后部的两侧(习惯称侧孔)，而鳐类的鳃孔则位于头后部的腹面(习惯称下孔)，而通常说的鳐类实际上包括鳐、鲼、电鳐等。

鱼类

(58) 文昌鱼

Branchiostoma belcheri (Gray, 1847)

【汉语拼音】 wén chāng yú
【英 文 名】 Japanese lancelet, Japanese slugfish, Lancelet
【别　　名】 白氏文昌鱼、厦门文昌鱼、面条鱼
【分类地位】 文昌鱼目 Amphioxiformes，文昌鱼科 Branchiostomatidae

【形态特征】 **体侧扁细小，两端尖细，**外形与鱼相似。**无明显的头部，仅在一端的下方有1口笠，口笠周围生具1列纤细的触须。口笠内面还有多达150个的鳃裂，**开口于一个特殊的围鳃腔中。**体背中央及臀部位置各有1条低的鳍褶，尾部具呈矛状的“尾鳍”，腹部则有1对长的皮褶。**

体灰白色或近于无色，半透明，**肌节清晰可见，**有63~66节，呈“<”形，左右交叠。雌雄异体，生殖腺常排列在腹腔两侧。

文昌鱼无脊椎(骨)，只有1条贯穿头尾的脊索，故被称为头索类而还不属于真正的鱼类，但在生物进化史中，被视为由无脊椎动物向脊椎动物过渡的“桥梁”，所以在生物学研究中占有极其重要的地位。

【生物与生态学特性】 最大体长50~70mm，最小成熟个体体长约30mm。雄性性腺呈白色，雌性为柠檬黄色，二龄雌体一年内产卵2次，四龄鱼已没有性腺，并于4月份后全部死亡，平均寿命3~4年。栖息于水清、流缓，具有疏松的沙质，水深为8~15m的海底，通常半埋在沙中，幼体经过短暂的浮游期后即钻居沙中，以前端小部分伸出沙外，偶在夜间离开沙底在水层中活动。以圆筛藻、小环藻等浮游硅藻及其他小型浮游生物为食。

【分布】 主要分布在我国厦门刘五店，近年来在青岛、秦皇岛、汕头等地也有发现。

【现状与保护】 原栖息地环境变迁，资源急剧下降。2004版的《中国物种红色名录》中列为濒危物种，现为我国Ⅱ级保护动物。

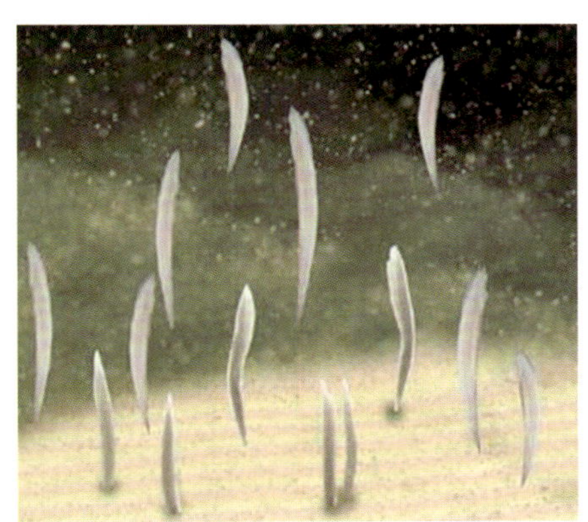

图58-1　文昌鱼*Branchiostoma belcheri*生活图　(依厦门珍稀海洋物种自然保护区)

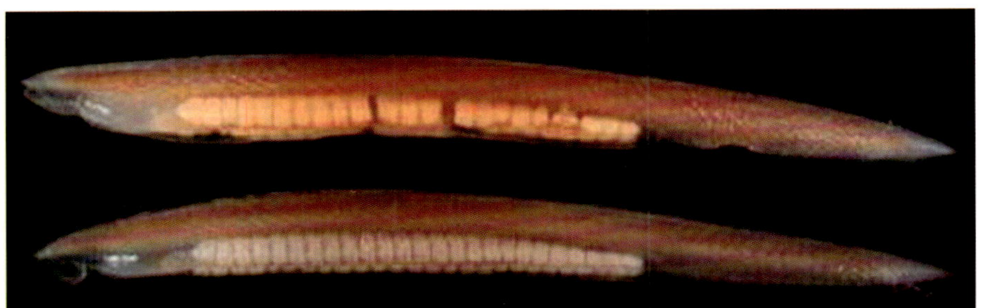

图58-2　文昌鱼*Branchiostoma belcheri* 外形　(依Minoru Tomiyama)

(59) 皱鳃鲨

Chlamydoselachus anguineus Garman, 1884

【汉语拼音】 zhòu sāi shā
【英 文 名】 Frill shark, Frilled shark, Silk shark
【同物异名】 *Chlamydoselache anguinea*
【分类地位】 六鳃鲨目 Hexanchiformes，皱鳃鲨科 Chlamyloselachidae

【形态特征】 体延长，**前端呈鳗形。鳃孔6对，鳃间隔延长而呈褶皱，**且互相覆盖，故名"皱鳃"。口裂大，向后远达眼的后方。两颌齿均三叉型。背鳍1个，位于臀鳍基底上方，小型。尾鳍宽长，末端尖，下叶较上叶发达，无缺刻，尾椎轴稍上翘。臀鳍近长方形，较背鳍大。腹鳍大，后角近于臀鳍起点。胸鳍小，外角和里角钝圆。**腹部具明显的隆嵴，侧线呈沟状，**位于体的两侧。

【生物与生态学特性】 有记录最大体长2.0m。以头足类、鲨类及其他鱼类为食。卵胎生，每产8~12仔，刚产仔鲨长约0.39m。通常生活在水深120~1 280m处，偶至水上层活动，在近海罕见。

【分布】 分布于东大西洋、西印度洋、南非外海、日本本州南方外海及澳大利亚、新西兰沿海以及东太平洋沿岸。我国台湾北部曾有发现。

【现状与保护】 世界自然保护联盟(IUCN)及《中国物种红色名录》中均列为濒危物种。

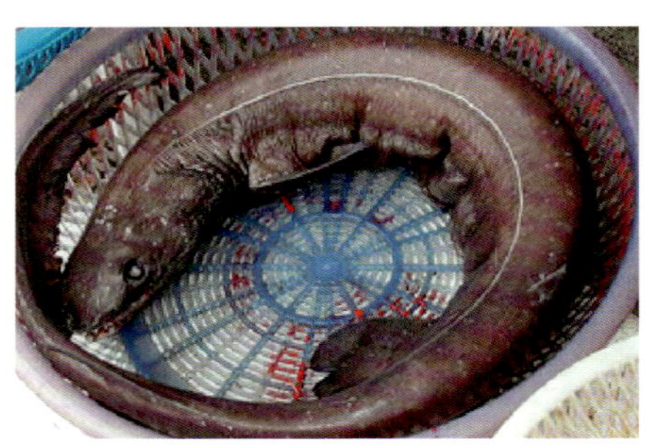

图59-1 皱鳃鲨*Chlamydoselachus anguineus* 外形

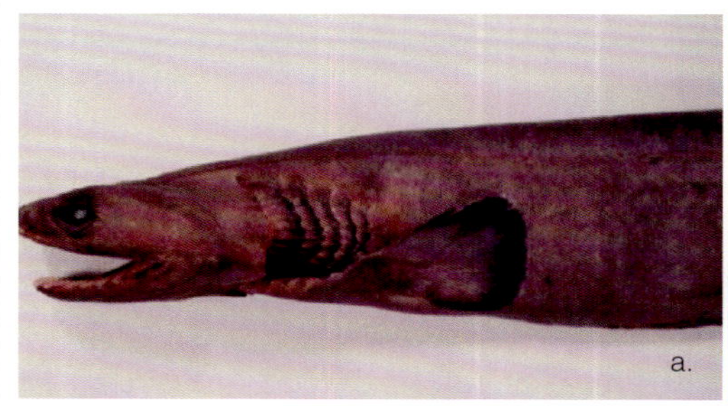

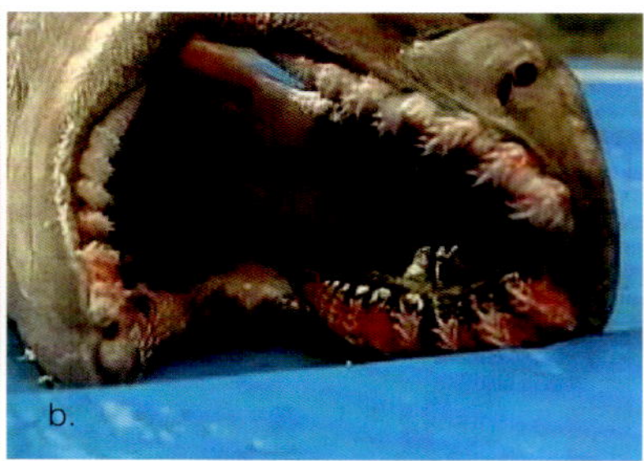

图59-2 鳃鲨*Chlamydoselachus anguineus* a.鳃孔 b.上下颌齿

(60) 达氏七鳃鲨

Heptranchias dakini Whitley, 1931

【汉语拼音】 dá shì qī sāi shā
【英 文 名】 Seven-gilled shark，Dakin's sevengill shark
【别　　名】 七鳃鲨
【分类地位】 六鳃鲨目 Hexanchiformes，六鳃鲨科 Hexanchoidae

【形态特征】 体延长，前部亚圆筒形，后部渐细而侧扁。头稍狭窄，尾狭长。**鳃孔每侧7个**，宽大，下部伸达腹面。眼大，长椭圆形。口深弧形，两颌齿侧扁，**上下颌的齿形不同，上颌齿无正中齿**。背鳍小型，位于体近后部，**起点靠近腹鳍后端**。臀鳍小，**起点在背鳍基部近中央下方**。尾鳍狭长，下叶前部低垂，呈三角状，中部低而处长，后部呈棱形，后部与中部间有1明显缺刻。胸鳍宽大，呈三角形，后缘稍有凹入。

背面和上侧面深褐色至灰黑色，腹面灰白色或浅褐色，背鳍后部与尾鳍末端各具1深褐色或黑色斑。较小个体尾鳍中部背面具2个黑色斑，尾鳍下叶基部具1条黑色纵带。

【生物与生态学特性】 外洋性种类，最深可生活于1000m深的水层，近海少见。常见全长0.33~0.66m，有报道最大雄性全长可达1.37m，雌性稍长。常见雄性体长0.6~1.2m，0.7~0.85m时达性成熟，雌性稍迟，一般在0.9~1.0m时才性成熟。卵胎生，繁殖无明显季节。每胎产9~20仔，初产幼鲨体长约0.25m。

个体虽小，但极贪食，且食性很广，食物中包括虾、蟹、龙虾、章鱼、乌贼及小型鱼类等。

【分布】 分布于中国东海和南海以及澳大利亚。

【现状与保护】 世界自然保护联盟(IUCN)及《中国物种红色名录》中均列为濒危物种。

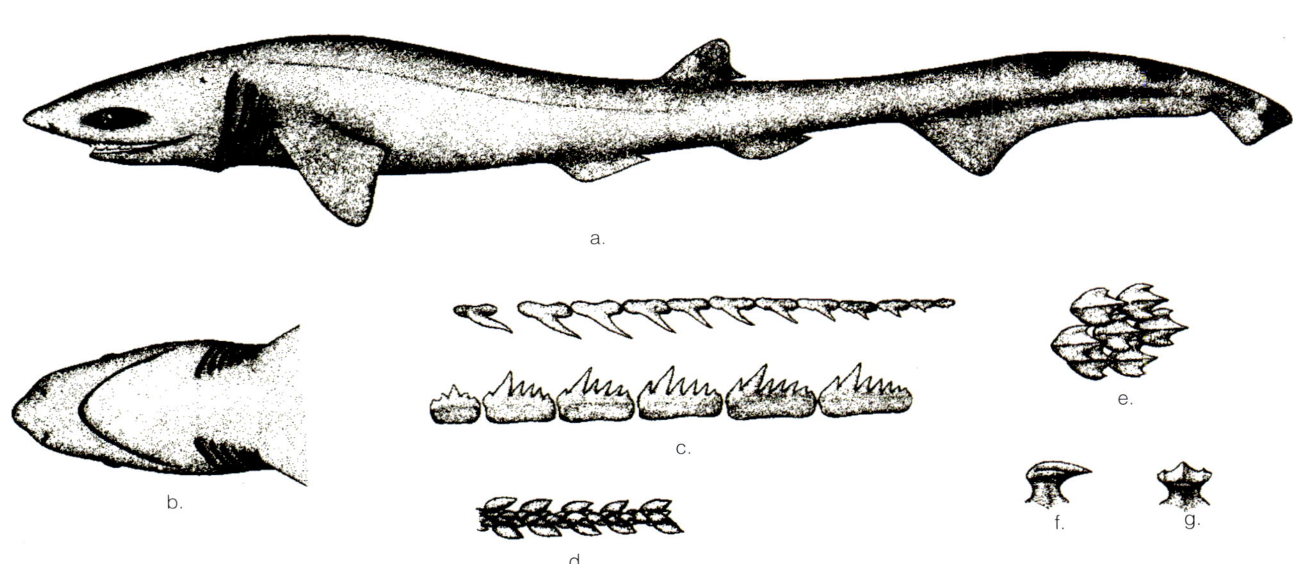

图60　达氏七鳃鲨*Heptranchias dakini* a. 外形 b.头部腹面 c.上、下颌齿 d.锯尾鳞 e.~f. 盾鳞 (依中国动物志软骨鱼纲)

(63) 宽纹虎鲨

Heterodontus japonicus Maclay *et* Macleay, 1884

【汉语拼音】 kuān wén hǔ shā 【英文名】 Bull-head shark, Cat shark, Japanese bullhead shark
【别　　名】 虎鲨、日本异齿鲛(台湾)
【同物异名】 *Centracion japonicus*
【分类地位】 虎鲨目 Heterodontiformes，虎鲨科 Heterodontidae

【形态特征】 体前部粗大，后部渐细小，背面稍圆凸，腹面平坦。头高大，略呈方形，吻宽大，向前剧斜。眼间隔稍凹入，眶上嵴突显著。鼻孔靠近吻端，具鼻口沟。口裂宽而平横，上下颌齿同型，前部齿细小，3~5齿头型，后部齿宽扁，臼齿状。喷水孔位于眼的后缘垂直线下方，**鳃孔5个，背鳍2个，前方各具1硬棘**，两背鳍同形，第一背鳍较第二背鳍稍大。尾鳍宽短，帚形，胸鳍大，**具臀鳍**。

体黄褐色，**自头部至尾柄具深褐色横纹10余条**。

【生物与生态学特性】 为寒水性温带近海底栖小型鲨类，常见个体全长0.44~0.82m，最大记录为1.2m。栖息于泥砂质的岩石边，行动缓慢，以底栖性甲壳类、软体动物以及小型鱼类为食。卵生，卵外具1螺旋形卵壳，通常是数尾雌鱼一起产卵，成堆产在水深8~9m处的岩石或藻丛中，每次产2卵，约需1年后才能孵出，刚孵出的幼鲨体长180mm。

【分布】 分布于黄海、东海和台湾北部海域，朝鲜、日本海域也有分布。

【现状与保护】 列入《中国物种红色名录》中的濒危物种。

图63-1　宽纹虎鲨*Heterodontus japonicus*（依中国动物志 软骨鱼纲）

图63-2　宽纹虎鲨*Heterodontus japonicus*（依热带鱼や海水鱼、水族馆の写真ギャラリ）

(64) 欧氏锥齿鲨

Eugomphodus taurus (Rafinesque, 1810)

【汉语拼音】 ōu shì zhuī chǐ shā　【英文名】 Sand tiger shark, Dogfish shark, Brown shark
【别　　名】 老鼠鲨、白甫鲨
【同物异名】 *Carcharias taurus*
【分类地位】 鲭鲨目 Isuriformes，锥齿鲨科 Odontaspididae

图64-2　欧氏锥齿鲨头部

图64-1　欧氏锥齿鲨*Eugomphodus taurus* (依Julius T. Csotonyi, M.)

【形态特征】 体延长而粗大，头宽扁，**前端呈三角形，低平**。尾侧扁，尾鳍基底上方具1凹洼，尾柄无侧突。吻长而尖，口深弧形，下颌较短狭。齿外露，上下颌均无正中齿，且齿大小不匀，**上颌第四齿很细小，与第五齿有1宽的间隔。鳃孔5个**。背鳍2个，形状相同，均无棘。第一背鳍稍大。尾鳍宽大，上叶狭小，仅见于尾端处，下叶前部显著三角形突出，与上叶连合，后部斜而凹入。胸鳍、臀鳍和腹鳍均较第二背鳍大。

体灰褐色或黄褐色，背侧面和鳍上具不规则锈色斑点，腹面淡白或灰褐色。

【生物与生态学特性】 暖水性底层或近底层大型鲨类，记录的最大体长为3.2m，体重158.8kg。主要生活在190m以内水深的大陆架附近。有洄游习性，春夏成群北上，秋冬南下。卵胎生，每胎产16~23卵，胎儿在子宫内会“同类相残”，通常每胎只能成活幼鲨2尾，体长0.95~1.05m。行动迟缓，但个性凶猛，常成群围捕鱼类，主要以头足类、龙虾等甲壳类及小型鲨类、鳐类和其他鱼类为食。

图64-3　欧氏锥齿鲨*Eugomphodus taurus*头部及牙齿

【分布】 除东太平洋外的所有暖温性水域都有分布报道，我国产于黄海、东海以及台湾海域。

【现状与保护】 列入世界自然保护联盟(IUCN)易危物种。

(65) 拟锥齿鲨

Pseudocarcharias kamoharai (Matsubara, 1936)

【汉语拼音】 nǐ zhuī chǐ shā 【英文名】 Crocodile shark
【别　　名】 蒲原氏拟锥齿鲨、蒲原氏拟真鲨、杨氏砂鲛(台湾)、鳄鲨
【同物异名】 *Carcharias yangi*
【分类地位】 鲭鲨目 Isuriformes，拟锥齿鲨科 Pseudocarchariidae

【形态特征】 体纺锤形，细长。头稍平扁。尾柄短，**两侧有弱侧突，尾鳍基上下均具凹洼**。吻圆锥形，前端背视颇尖。口深弧形，下颌较短狭，齿外露，两颌齿同形，锥状，向内斜曲，**齿根分叉，上下颌均无正中齿**。**鳃孔5个**，宽大。背鳍2个，**前方均无棘**，第一背鳍大于第二背鳍和臀鳍，腹鳍位于第二背鳍前下方，胸鳍小。

背部及两侧暗褐色，腹面暗灰色，各鳍均呈暗褐色，后缘具狭的白色边。

【生物与生态学特性】 外洋性中上层小型鲨类，偶在近海及在590m以内的水层出现，雌性成鱼长0.89~1.02m，最大记载为1.1m。卵胎生，当胎儿发育至30~40mm时，会以其他受精卵为营养，因而每胎仅产4仔鲨，初生仔鲨全长为0.40~0.43m。

本种个性凶猛，颌肌有力，齿锋利，足以对其他水族构成威胁，常以小型浮游性鱼类、头足类、虾类为食。

【分布】 各大洋的热带和亚热带海区都有分布，我国产于台湾东北海域。

【现状与保护】 世界自然保护联盟(**IUCN**)列为低危物种。

图65-1 拟锥齿鲨*Pseudocarcharias kamoharai* (依Randall, J.E.)

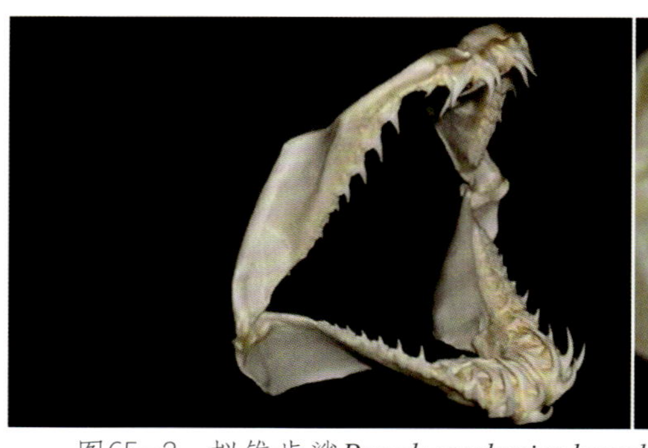

图65-2 拟锥齿鲨*Pseudocarcharias kamohara*齿骨 a.上下颌齿 b.齿根分叉
(依Fossilsonline.com)

(66) 姥鲨

Cetorhinus maximus (Günner, 1765)

【汉语拼音】 lǎo shā 【英文名】 Basking shark, Elephant shark
【别　　名】 象鲛(台湾)
【同物异名】 *Squalus maximus*
【分类地位】 鲭鲨目 Isuriformes，姥鲨科 Cetorhinidae

【形态特征】 体呈纺缍形，中部最粗大，前后部渐狭小。尾柄每侧各具1侧突，尾鳍基底上下均具凹洼。口宽大，广弧形，上下颌齿小而多，边缘光滑，齿头向后。鳃孔5个，很宽大，从背上侧伸达腹面喉部。鳃耙细长密列，状似“鲸须”，基部侧扁，上部鬃状。背鳍2个，无棘。第二背鳍很小。尾鳍叉形，上尾叉近端处有1缺刻。臀鳍与第二背鳍同形而稍小，腹鳍中大，胸鳍呈镰形。体纯褐色，腹面白色。

【生物与生态学特性】 为近海上层大型鲨类，常在近表层活动，时而将背鳍露出水面，或翻身晒腹，偶尔也下潜达2000m以内的水层活动。常见雄性成体全长9.0m，雌体9.8m以上，最大记录为15.2m，在鱼类中仅次于鲸鲨。本种个体虽大，但性情温和，仅以小型浮游无脊椎动物及小型鱼类为食，其捕食方式与须鲸的“滤食”有点相似。卵胎生，雄鲨4~5m，雌性8.1~9.8m达性成熟。

【分布】 基本上各大洋都有分布，我国产于黄海、东海和台湾东北部海域。

【现状与保护】 列入《濒危野生动植物种国际贸易公约》(CITES)附录Ⅱ，世界自然保护联盟(IUCN)列为易危物种，《中国物种红色名录》列为濒危物种。

图66-1　姥鲨外形*Cetorhinus maximus* (依Julius T. Csotonyi, M.Sc.)

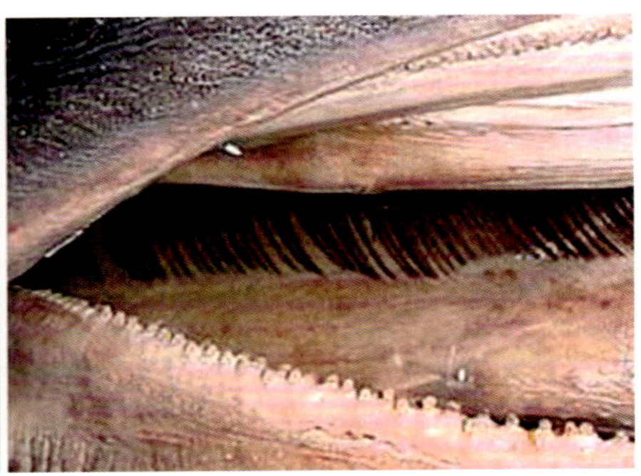

图66-2　姥鲨*Cetorhinus maximus*的口、鳃裂与鳃耙

(69) 长臂灰鲭鲨

Isurus paucus Guitart Manday, 1966

【汉语拼音】 cháng bì huī qīng shā
【英 文 名】 Longfin mako
【别　　名】 长臂灰鲭鲛(台湾)
【分类地位】 鲭鲨目 Isuriformes，鲭鲨科 Isuridae

【形态特征】 体延长，稍粗壮，头、尾渐细小。尾柄两侧的侧突很长。**吻钝尖，**口深弧形，齿侧扁，尖锐，基底无侧齿头，颌前部齿较长，边缘锐利，齿尖稍倾斜但不往后弯曲。**鳃孔5个。背鳍2个，前方均无棘，**第二背鳍很小。尾鳍短宽，呈新月形(叉型)，上尾叉略大于下尾叉。臀鳍稍小于第二背鳍，形状相同。腹鳍小，**胸鳍特长，约与头长相等。**

吻部腹侧呈暗黑色，腹部为灰白色。

【生物与生态学特性】 暖温带和热带上层大洋性鲨类，成鱼全长可达4.17m，活动水深在200m以内。因体大齿利，为危险鲨类之一，主要以鱼类、海龟等为食。卵胎生，胎儿在母体子宫内有相互残杀、吞食习性，每胎产2仔，刚产仔鲨长约0.97m。

【分布】 西北和东北大西洋、西印度洋、中太平洋及夏威夷群岛北部的热带和暖温带海域都有分布，我国产于台湾省北部海域。

【现状与保护】 世界自然保护联盟(**IUCN**)列为易危物种。

图69-2 长臂灰鲭鲨*Isurus paucus*外形 (依Windsor Nature Discovery)

图69-2 长臂灰鲭鲨*Isurus paucus* a.体长3.1m，重384kg，产于美国缅因州五岛 b. 体长2.8m，重214kg，产于加拿大新斯科舍省 (依Karl Bacon等)

(70) 斑纹须鲨

Orectolobus maculatus Bonnaterre, 1788

【汉语拼音】 bān wén xū shā
【英 文 名】 Spotted wobbegong, Wobbegong
【别　　名】 斑须鲛(台湾)
【分类地位】 须鲨目 Orectolobiformes，须鲨科 Orectoloobidae

【形态特征】 体延长，**头部宽扁，后部细小，呈亚圆筒形，尾狭而侧扁**。吻宽短，前缘圆形，背面平坦。眼小，**上缘显著隆起，具2乳头状突起**。口宽而浅，上下颌约等长。齿侧扁，前面较大，后面齿细小。**头侧具一系列皮须，有些皮须又有分枝，其中眼前方或下方具8~10枚皮须。鳃孔5个。背鳍2个，前方均无棘**。第二背鳍与第一背鳍同形而稍小，位于臀鳍前上方。尾鳍短小，尾椎轴低平。臀鳍小，恰在尾鳍前方，腹鳍比背鳍大。

体棕褐色，**体及鳍上具许多白色斑点和圆形或不规则花纹**，背上和尾上具不规则暗褐色横纹，腹面白色。

【生物与生态学特性】 温带和热带底栖鲨类，常见个体全长1.5~1.8m，有记录最长为3.2m。本种行动滞缓，常只在夜间游动觅食，主要以底栖无脊椎动物及鱼类为食。卵胎生，每产可达37仔，刚产仔鲨长21mm。

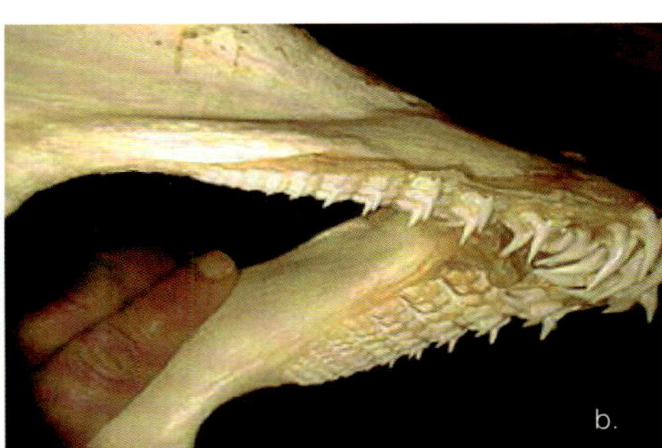

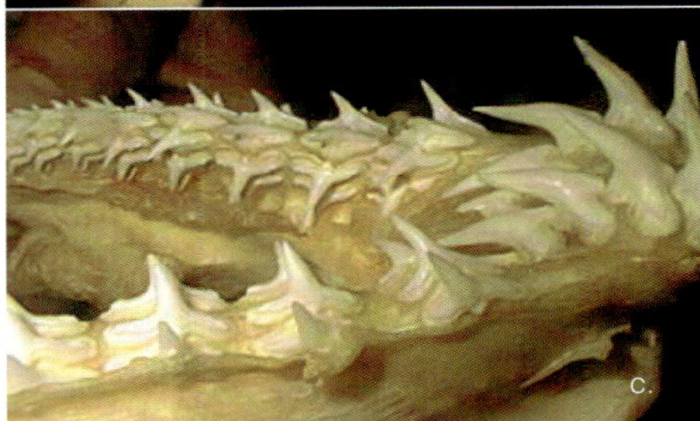

图70-1 斑纹须鲨*Orectolobus maculates* a.外形 b.上颌齿 c.下颌齿 (依Richard Ling等)

图70-2 斑纹须鲨*Orectolobus maculates* (依Wolfgang Krutz等)

【分布】 我国分布于台湾西南及东北部海域、南海，日本及澳大利亚沿海也有分布。

【现状与保护】 世界自然保护联盟(**IUCN**)列为濒危物种，《中国物种红色名录》列为易危物种。

(71) 印度斑竹鲨

Chiloscyllium indicum (Gmelin, 1789)

【汉语拼音】 yìn dù bān zhú shā 【英文名】 Slender bamboo shark, Ridge-back cat shark
【同物异名】 *Chiloscyllium colax, Chiloscyllium isabellim*
【别　　名】 长鳍斑竹鲨、印度狗鲨
【分类地位】 须鲨目 Orectolobiformes，须鲨科 Orectoloobidae

【形态特征】 体修长。**尾很细长，为头和躯干合长的近2倍。背面具显著皮嵴3纵行。**吻宽而圆钝。眼小，具鼻口沟。口小而平横，上下颌具唇褶。齿小，齿头三角形，多行。**鳃孔5个。背鳍2个，前方均无棘，**大小和形状约相同。尾鳍狭长，上叶较狭，下叶前部不突出，与中部连合呈广圆形，与后部相隔处有1缺刻。**臀鳍低长，**与尾鳍下叶毗连，**其长等于或长于缺刻前部的尾鳍下叶。**腹鳍、胸鳍的大小和形状几与背鳍相同，胸鳍伸达胸鳍起点至腹鳍起点之距离的2/3处。

体灰褐色或锈褐色，**体上及鳍上具许多赭色斑点和条纹，**有些连合成为不明显的成对横纹

【生物与生态学特性】 近岸底栖小型鲨类。行动缓慢。以底栖无脊椎动物及小鱼为食。卵生，最大个体全长约0.65m。其他习性不详。

【分布】 分布于印度-西太平洋区，自阿拉伯海到印度、斯里兰卡、新加坡、泰国、越南、印度尼西亚等，我国分布于南海和东海南部。

【现状与保护】 世界自然保护联盟**(IUCN)**列为濒危物种。

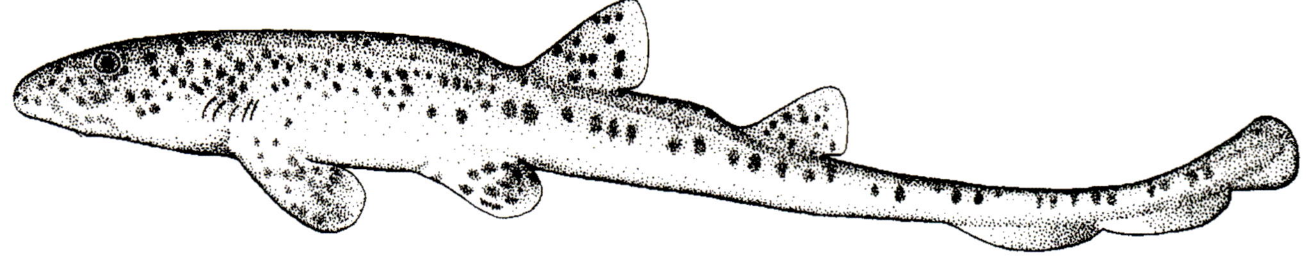

图71-1 印度斑竹鲨*Chiloscyllium indicum* (依中国动物志 软骨鱼纲)

图71-2 印度斑竹鲨*Chiloscyllium indicum* (依台湾鱼类资料库)

(72) 点纹斑竹鲨

Chiloscyllium punctatum (Müller *et* Henle, 1841)

【汉语拼音】 diǎn wén bān zhú shā
【英 文 名】 Brownbanded bambooshark, Brownspotted catshark
【别　　名】 狗鲛(台湾)
【分类地位】 须鲨目 Orectolobiformes，须鲨科 Orectoloobidae

【形态特征】 体延长细狭。尾细长，**为头和躯干合长的1.5倍余。背面在两背鳍之间有1纵行皮嵴**。吻宽而圆钝。眼小，具鼻口沟。口宽大，平横，上下颌具唇褶。齿小，齿头三角形，侧齿头细狭或无，多行。**鳃孔5个。背鳍2个，均无棘**，形状相似，但第一背鳍稍大。尾鳍狭长，上叶较狭，下叶前部不突出，与中部连合呈广圆形，与后部相隔处有1缺刻，后部圆形。臀鳍低长，与尾鳍下叶毗连，基底长约**等于尾鳍下叶缺刻前长的1/2**。腹鳍和胸鳍的大小和形状几与背鳍相同，胸鳍伸达胸鳍起点至腹鳍起点之距离的1/2~3/4处。

体浅黄褐色，**具棕褐色条纹11条，体及鳍上常具许多暗褐色小斑**。

【生物与生态学特性】 近岸底栖小型鲨类，最大个体全长约1.04m。常栖息于松软的沙泥质或珊瑚礁或潮间带水坑中。夜行性，以小型甲壳动物及鱼类为食。卵生，卵壳扁平形，孵化约需要4个月。

【分布】 分布于印度、马来西亚、新加坡、泰国、印尼、越南及澳大利亚沿岸，我国产于台湾海域和南海。

【现状与保护】 世界自然保护联盟(CITES)列为濒危物种。

图72-1 点纹斑竹鲨*Chiloscyllium punctatum* (依fishbase.org/)

图72-2 点纹斑竹鲨*Chiloscyllium punctatum* (依group.ezlife.com.等)

(73) 豹纹鲨

Stegostoma fasciatum (Hermann, 1783)

【汉语拼音】 bào wén shā
【英 文 名】 Zebra shark
【别　　名】 大尾虎鲛(台湾)
【分类地位】 须鲨目 Orectolobiformes，豹纹鲨科 Stegostomatidae

【形态特征】 头近圆锥形，稍宽扁，**尾部特别长，超过头和躯干合长的2倍。背面自头后部至第二背鳍后部、腹面在腹鳍和臀鳍间各具3行皮嵴。**吻宽圆，上部圆凸。具鼻口沟。口宽而平横，口隅处上下唇褶发达，齿小，三齿头型，**排成横带状齿带，**多行。**鳃孔5个。背鳍2个，均无棘。**第一背鳍稍大。**尾鳍很长，约为体长之半，上叶不发达，仅见于尾端近处，**下叶中部低平，中部与后部间有1缺刻，与上叶相隔处也有1缺刻。胸鳍宽大。

幼体呈深褐色或黑褐色，上具许多黄色细狭横纹和斑点。成体黄褐色，腹面浅褐色。**体及各鳍深褐色斑点多列，**形似豹纹，其中吻侧和眼下斑点稍细小。

图73-1　豹纹鲨*Stegostoma fasciatum*外形（依content.ndap.org.tw/upload/dc/plan119/）

【生物与生态学特性】 为热带珊瑚礁中鲨类，雄成鱼体长约1.47~1.83m，雌成鱼1.69~1.71m，有记录雄性最大个体全长2.35m。白天常伏沙底暗礁中，夜晚钻入礁中洞穴觅食，以软体动物及小型鱼类为食。卵生，卵壳大而厚，每次产1~2或4卵，刚产仔鲨长0.2~0.36m。

【分布】 红海、印度洋、西南太平洋均有分布，我国产于东海南部和台湾海域、南海。

【现状与保护】 世界自然保护联盟(**IUCN**)列为易危物种。

图73-2　豹纹鲨*Stegostoma fasciatum*生活图（依Animal-World, http://www.darissimo.com/squali/）

(74) 鲸鲨

Rhincodon typus Smith, 1829

【汉语拼音】 jīng shā
【英 文 名】 Whale shark
【分类地位】 须鲨目 Orectolobiformes，鲸鲨科 Rhincodontidae

图74-1 鲸鲨*Rhincodon typus*（依http://www.sharkchance.de/gallerie/data/media/）

【形态特征】 体延长庞大，**前部宽而平扁**，自鳃孔后背方微突，两侧渐狭，体第一背鳍后渐细小，腹面平坦，尾基上方具有凹洼。**背面正中自头后至第一背鳍具1皮嵴，体侧自鳃孔上方有2条皮嵴，**其中上嵴在胸鳍上方分枝成2嵴，后再延伸至第二背鳍下方，下嵴则一直延伸至尾柄，**并在臀鳍与尾柄处形成强大侧突**。吻宽短，口宽大，近于平横，齿多而细小，齿头向后，排列整齐，呈宽带状。**鳃孔5个，宽大，鳃弓上具角质鳃耙，鳃耙分成许多小枝，交叉结成海绵状过滤器**。背鳍2个，第二背鳍很小，前方均无棘。

体呈灰褐色至蓝褐色，**体侧散布许多白色斑点及横纹**。

【生物与生态学特性】 为大洋性特大型鲨类，常见个体长10m左右，最大记录达20m，体重34 000kg，为鱼类之冠。常成群游于水面，有时至近海，**体侧亦常有䲟鱼吸附或其他小鱼随行**。性温和，以小型鱼类、甲壳类及软体动物为食。卵胎生。

图74-2 鲸鲨*Rhincodon typus*
（依http://www.saksi.ch/）

【分布】 广泛分布于印度洋、太平洋和大西洋各热带和温带海域，我国主要分布于东海以南海区。

【现状与保护】 已列入《濒危野生动植物种国际贸易公约》**(CITES)**附录Ⅱ，世界自然保护联盟**(IUCN)**列为易危物种，《中国物种红色名录》列为濒危物种。

(75) 阴影绒毛鲨

Cephaloscyllium isabellum (Bonnaterre, 1788)

【汉语拼音】 yīn yǐng róng máo shā 【英文名】 Draughtboard shark, Blotchy swell shark, Sweel shark
【别 名】 真阴影绒毛鲨、头鲛(台湾)
【同物异名】 *Squalus isabella*
【分类地位】 真鲨目 Carcharhiniformes，猫鲨科 Scyliorhinidae

【形态特征】 体延长，前部粗大而扁平，后部较细狭。头宽扁，吻平扁钝圆。眼狭长。口宽大，深弧形，**齿细小密列，三齿头或五齿头型，**5~6行在使用，每侧每行约50余齿。**鳃孔5个，背鳍2个，前方均无棘。**尾鳍狭长，臀鳍比第一背鳍稍小，腹鳍低长，胸鳍宽大，缘角圆形。

体黄褐色，其上斑纹在不同的生长期变化较大，幼体通常多而大小不一，0.75m以上的成体中，**暗色横纹只隐约存在，**但又出现很多**深褐色斑块，不规则地散布于体上和鳍上。**

【生物与生态学特性】 近海底栖性小型鲨类，成体长在1.0m以下。白天躲藏在石缝或洞穴中，晚间通常会游至邻近的泥砂底质觅食，生活水深在18~220m，以小型鱼类及无脊椎动物为食。卵生。

【分布】 分布于朝鲜西南、日本南部、新西兰及我国的黄海、东海和南海。

【现状与保护】 世界自然保护联盟**(IUCN)**列为濒危物种，《中国物种红色名录》列为易危物种。

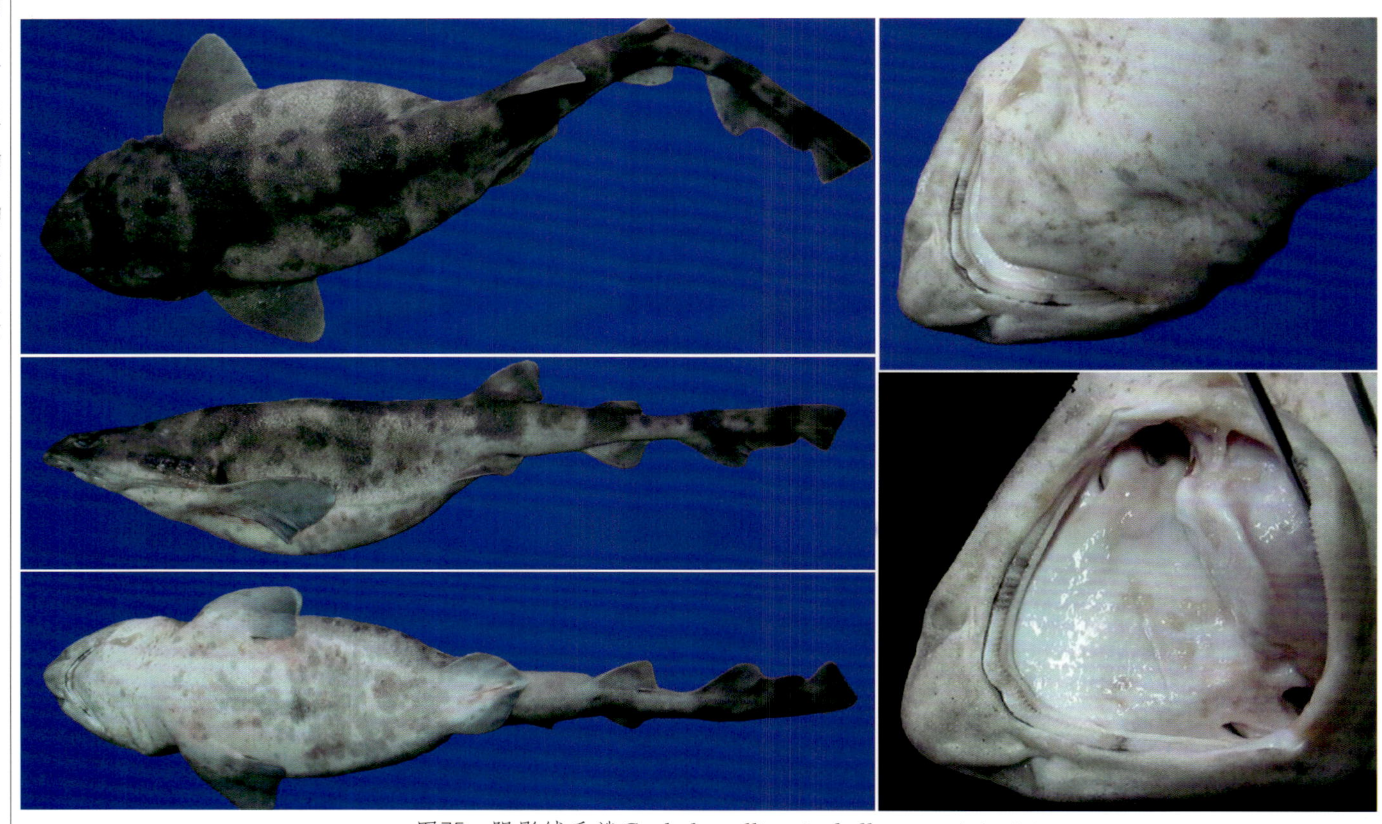

图75 阴影绒毛鲨*Cephaloscyllium isabellum* (2005年采于舟山)

(76) 下灰鲨

Hypogaleus hyugaensis (Miyosi, 1939)

【汉语拼音】 xià huī shā 【英文名】 Blacktip tope
【别　　名】 黑鳍翅鲨 黑缘灰鲛(台湾)
【同物异名】 *Galeorhinus hyugaensis*
【分类地位】 真鲨目 Carcharhiniformes，皱唇鲨科 Triakidae

【形态特征】 体延长稍侧扁。头稍平扁，尾细长，**尾基上下方无凹洼。吻背视近三角形，侧视尖突。**口深弧形，**上下颌唇褶发达。**齿宽扁，亚三角形，上下颌齿同型，各具1尖直正中齿，**正中齿及下颌第一至三齿两侧各具2~3小齿头，其余各齿内侧光滑，外侧具2~3小齿头，齿头均向外侧倾斜。鳃孔5个。背鳍2个，前方均无棘，**第二背鳍较小。尾鳍狭长，上叶发达。

体暗灰褐色，腹面淡色，各鳍暗褐色，**第一背鳍和第二背鳍后缘具黑边。**

【生物与生态学特性】 为近海底栖中小型鲨类，成鱼全身长约1.12~1.27m，生活于热带和亚热带大陆架水深40~230m处，胎生，具1卵黄囊胎盘，每胎产10~11仔，妊娠期15个月。

【分布】 印度洋及西北太平洋均有分布，我国产于东海和台湾东北外海。

【现状与保护】 世界自然保护联盟(**IUCN**)列为低危物种。

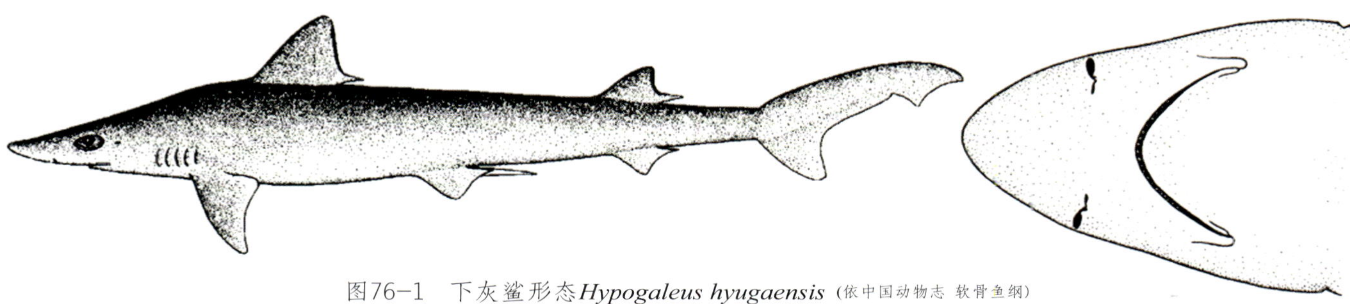

图76-1 下灰鲨形态*Hypogaleus hyugaensis* (依中国动物志 软骨鱼纲)

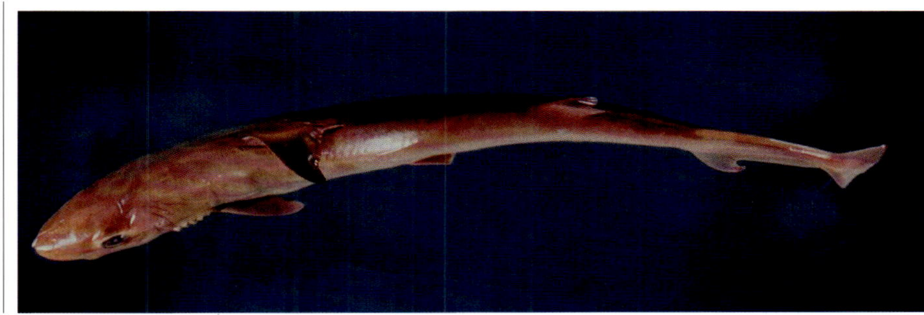

图76-2 下灰鲨*Hypogaleus hyugaensis* (台湾省农业委员会水产试验所)

(77) 小孔沙条鲨

Hemigaleus microstoma Bleeker, 1852

【汉语拼音】 xiǎo kǒng shā tiáo shā
【英 文 名】 Sicklefin weasel shark, Wiesel shark
【别　　名】 小口沙条鲨
【分类地位】 真鲨目 Carcharhiniformes，半沙条鲨科 Hemigaleidae

【形态特征】 体细长，头平扁，尾细而侧扁。吻背视弧形，前缘广圆。口弧形，下颌较短，**闭口时齿暴露**。上颌齿侧扁，三角形，**齿头外斜，外缘具4~7个小齿头，**2行在使用。**下颌前部齿细尖，**矛状，边**缘光滑，后部齿外斜。鳃孔5个。背鳍2个，前方均无棘。**第一背鳍大，第二背鳍小。尾鳍较狭长，臀鳍比第二背鳍小，形状与第二背鳍相似。

背侧面灰褐色，侧腹面白色，第一和第二背鳍后缘及尾鳍后端暗褐色。

【生物与生态学特性】 暖水性近海小型鲨，体长1.1m以内。胎生，具卵黄囊胎盘，每次产4~14仔，刚产仔鲨长0.26~0.28m。常见雄成鱼长0.72~0.91m，雌成鱼0.85~0.97m。主食头足类、甲壳类及棘皮动物。

【分布】 分布于西太平洋与印度洋之间的海域，我国产于东海南部及台湾西南海域。

【现状与保护】 世界自然保护联盟(**IUCN**)列为濒危物种。

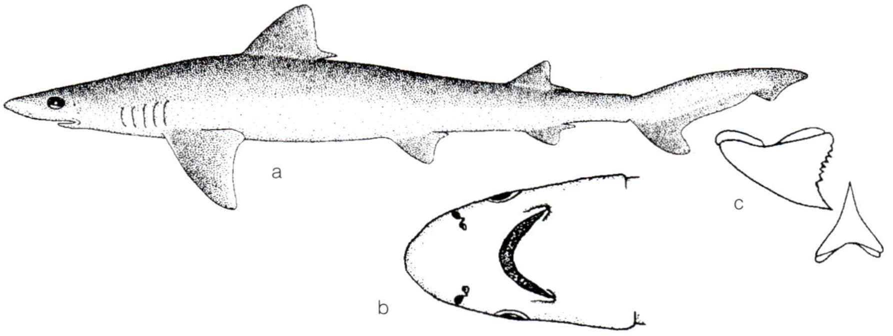

图77–1 小孔沙条鲨*Hemigaleus microstoma*形态 a.侧视 b.头部腹视 c.上、下颌齿（依中国动物志 软骨鱼纲）

图77–2 小孔沙条鲨*Hemigaleus microstoma*（依fishbase.org/）

(78) 半锯鲨

Hemipristis elongata (Klunzinger, 1871)

【汉语拼音】 bàn jù shā 【英文名】 Sharpventral shark, Snaggletooth shark
【别 名】 尖鳍副沙条鲨
【同物异名】 *Paragaleus acutiventralis, Hemipristis elongatus*
【分类地位】 真鲨目 Carcharhiniformes，半沙条鲨科 Hemigaleidae

【形态特征】 体延长，躯干较粗大，尾侧扁，**尾基上下方各具1凹洼**。头平扁，吻背视弧形。口深弧形，下颌较短狭，**闭口时齿暴露，唇褶发达。上下颌齿异形**，上颌齿侧扁，三角形，齿头外斜，具锯状缘。下颌前部齿细长，呈矛状，边缘光滑，后部齿渐呈三角形，齿头外斜，外缘具小齿头，内缘光滑。**上下颌缝合处正中有1间隙。鳃孔5个。背鳍2个，均无棘**。第二背鳍小。尾鳍狭长，下叶前部呈三角形突出，胸鳍宽大，呈镰形。

背侧面灰褐色，腹面稍淡。第二背鳍中部具1黑色斑块，其他各鳍灰褐色。

【生物与生态学特性】 为近岸中型鲨类，常见雄成鱼全长约1.2~1.45m，雌成鱼1.7~2.18m，最长可达2.3~2.4m。生活水深在30m以内，以其他鱼类及头足类为食。胎生，具卵黄囊胎盘，每产6~8仔，刚产仔鲨长约0.45m。

【分布】 分布于印度洋、西太平洋、红海，我国产于南海和台湾海峡，为罕见种类。

【现状与保护】 世界自然保护联盟(IUCN)列为易危物种。

图78 半锯鲨*Hemipristis elongata* a.侧面 b.头部腹面 c.盾鳞里视 d.盾鳞表视 e.上颌齿 f.下颌齿 (依中国动物志软骨鱼纲等)

(79) 短尾真鲨

Carcharhinus brachyuru (Günther, 1870)

【汉语拼音】 duǎn wěi zhēn shā 【英文名】 Copper shark
【别 名】 远鳍真鲨
【同物异名】 *Carcharhinus remotoides*
【分类地位】 真鲨目 Carcharhiniformes，真鲨科 Carcharhinidae

【形态特征】 体纺锤形，躯干较粗大，头、尾渐细，尾柄亚圆筒形，**尾基上方具凹洼，下方凹洼不明显**。头侧扁，吻背视三角形，侧视尖突。口圆弧形，**口闭时齿不外露**，唇褶不发达，仅见于口隅处。上颌前侧齿窄尖弯曲，后侧齿侧扁，狭三角形，边缘具细锯齿，正中齿齿头直立。下颌齿矛状，边缘具细锯齿。**鳃孔5个。背鳍2个，前方均无棘**。第二背鳍小，尾鳍下叶前部呈三角形突出，腹鳍较臀鳍大。胸鳍大，呈镰形。

体背面和上侧面灰褐色，下侧面和腹面淡色，两背鳍前缘和尾鳍上缘暗色。

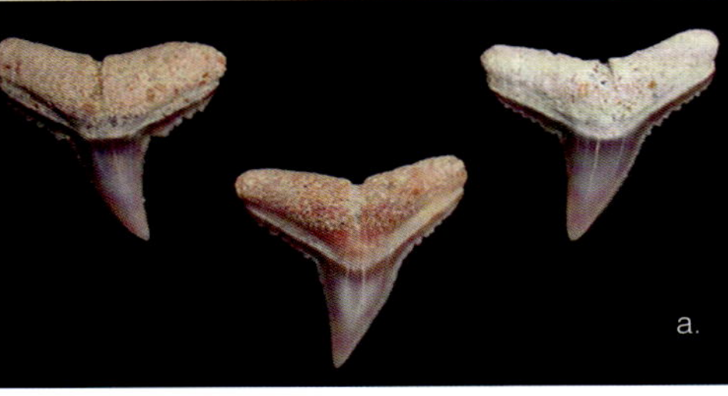

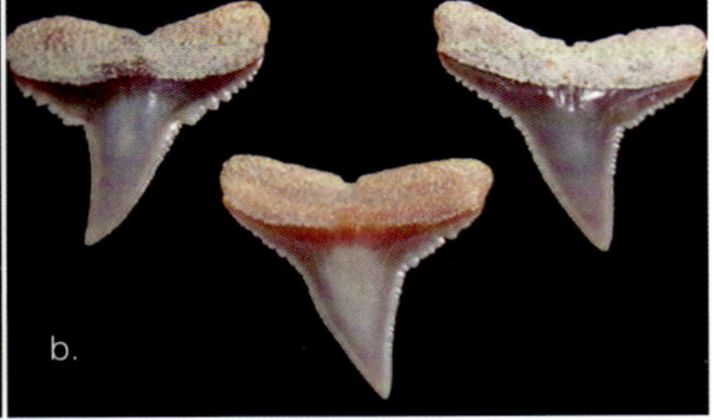

图79-1 短尾真鲨*Carcharhinus brachyurus* a.上颌侧齿 b.下颌侧齿
(依www.sharktoothcollector.at/Pictures/)

【生物与生态学特性】 暖温带沿岸和大洋性鲨类，活泼善泳。常见个体雄性全长2.0~2.29m，雌性2.4~2.92m，有记载最大雄性全长可达3.25m，重304.6kg。胎生，有1卵黄囊胎盘，每胎产13~20仔，刚产仔鲨长0.59~0.67m。

图79-2 短尾真鲨*Carcharhinus brachyurus* (依Hutson, K. Jean-Francois Helias)

【分布】 分布于印度洋、太平洋和大西洋，我国产于东海、台湾东北及西南海域。

【现状与保护】 世界自然保护联盟(IUCN)列为濒危物种。

(80) 直齿真鲨

Carcharhinus brevipinna (Müller *et* Henle, 1841)

【汉语拼音】 zhí chǐ zhēn shā 【英文名】 Spinner shark
【别　　名】 短鳍直齿真鲨、蔷薇真鲨
【同物异名】 *Aprionodon brevipenna*
【分类地位】 真鲨目 Carcharhiniformes，真鲨科 Carcharhinidae

【形态特征】 体纺锤形，躯干较粗大，头、尾渐细小。尾稍侧扁，**尾鳍基底上下均具凹洼**。头平扁，吻背视三角形，前缘钝尖，侧视延长尖突。口圆弧形，**口闭时两颌齿不外露。齿窄尖而直，上颌齿边缘具微细锯齿，下颌齿边缘光滑**。上下颌唇褶仅见于口隅处。无喷水孔。**鳃孔5个。背鳍2个，前方均无棘**。第二背鳍小，**两背鳍间无纵行皮嵴**。尾鳍长，上叶只见于尾端近处，臀鳍大于第二背鳍，腹鳍与臀鳍几等大，胸鳍大，呈镰形。

体背侧灰褐色，腹侧及腹面淡色，腹侧散有不规则暗色斑点。各鳍灰褐色，成鱼鳍尖黑色。

图80-1　直齿真鲨*Carcharhinus brevipinna* (依Dieno)

图80-2　直齿真鲨*Carcharhinus brevipinna* (依Carvalho Filho, Alfredo)

【生物与生态学特性】 暖温带和热带海域中大型鲨类，常见雄性成鱼全长1.59~2.03m，雌性1.7~2.0m，曾记录的最大雄性个体长3.0m，重89.7kg。本种通常栖息于近海、大陆架缘及大洋，生活水层从表层至75m水深处，多见于浅海至30m处，成群善泳，常跃出水面。胎生，具1卵黄囊胎盘，每产3~15仔，刚产仔鲨长0.6~0.75m。

【分布】 分布于东印度洋及西太平洋、非洲沿岸、北美东南岸及南美洲东岸海域，我国产于台湾东北海域和南海。

【现状与保护】 世界自然保护联盟(**IUCN**)列为低危物种。

(81) 镰形真鲨

Carcharhinus falciformis (Bibrone, 1839)

【汉语拼音】 lián xíng zhēn shā 【英文名】 Silky shark
【别　　名】 平滑真鲨、黑背真鲨
【同物异名】 *Carcharhinus atrodorsus*
【分类地位】 真鲨目 Carcharhiniformes，真鲨科 Carcharhinida

【形态特征】 体延长，躯干较粗大，向头、尾渐细小。头平扁。吻背视三角形，前缘钝圆，侧视延长尖突。口弧形，**口闭时齿不外露，**上颌齿宽扁，三角形，边缘具细锯齿，**下颌齿细尖，边缘无小锯齿。**上下颌唇褶仅见于口隅处。**喷水孔消失。鳃孔5个。背鳍2个，前方均无棘。**第二背鳍小。**两背鳍间正中具1明显纵行皮嵴。**尾鳍宽大，上叶只见于尾端近处。臀鳍稍大于第二背鳍，腹鳍与臀鳍几等大，胸鳍较大，镰形。

体背侧近黑色，腹面淡色，各鳍均灰黑色。

图81-1　镰形真鲨 *Carcharhinus falciformis* (依Julius T. Csotonyi, M.Sc.)

【生物与生态学特性】 热带和亚热带大洋性上层大型鲨类，全长可达3.3m以上。胎生，每次产14仔，刚产仔鲨长0.70~0.87m。在墨西哥湾和加勒比海曾是重要渔业之一。

【分布】 主要分布于大西洋东、西岸及太平洋东岸，我国产于台湾东部及东北部海域、南海。

【现状与保护】 世界自然保护联盟(**IUCN**)列为低危物种。

图81-2　镰形真鲨 *Carcharhinus falciformis* (依Furlan, Borut)

(82) 公牛真鲨

Carcharhinus leucas (Müller *et* Henle, 1839)

【汉语拼音】 gōng niú zhēn shā
【英 文 名】 Bull shark
【别　　名】 公牛白眼鲛(台湾)
【分类地位】 真鲨目Carcharhiniformes，真鲨科Carcharhinidae

【形态特征】 体纺锤形，躯干粗大，向头、尾渐细小。头宽扁，尾稍侧扁，**尾基上下均具凹洼**。吻端广圆，口圆弧形，**口闭时齿外露**。上颌齿宽扁三角形，具锯齿缘，下颌齿直立或稍倾斜，也具锯齿缘。唇褶仅见于口隅。**鳃孔5个。背鳍2个，前方均无棘**。第二背鳍小。**两背鳍中央无纵嵴**。尾鳍宽长，上叶略呈弧形，臀鳍稍大于第二背鳍，腹鳍较第二背鳍和臀鳍大。胸鳍宽大，呈镰形。

鳍尖深色，体侧具不明显白色带。

【生物与生态学特性】 栖息于海湾、河口及泻湖，从上层至水深152m处。本种是鲨类中唯一能深入淡水生活至热带湖、河中。胎生，具卵黄囊胎盘，仔鲨常在河口栖息。6龄性成熟，全长2.5m，最长可达3.5m，重316.5kg，有报道寿命可达32年，为3种最危险鲨之一。

【分布】 分布于太平洋、大西洋南北纬40°之间，我国产于台湾海域。

【现状与保护】 世界自然保护联盟(IUCN)列为低危物种。

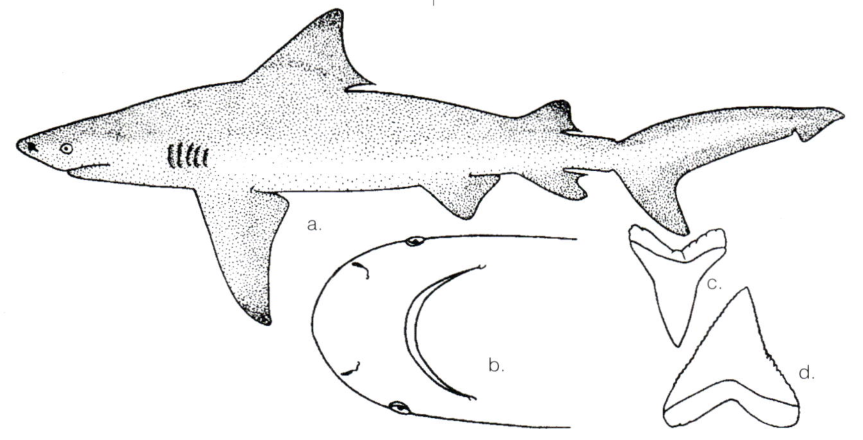

图82-1 公牛真鲨*Carcharhinus leucas* a.侧视 b.头部腹视 c.上颌齿 d.下颌齿
(依中国动物志 软骨鱼纲)

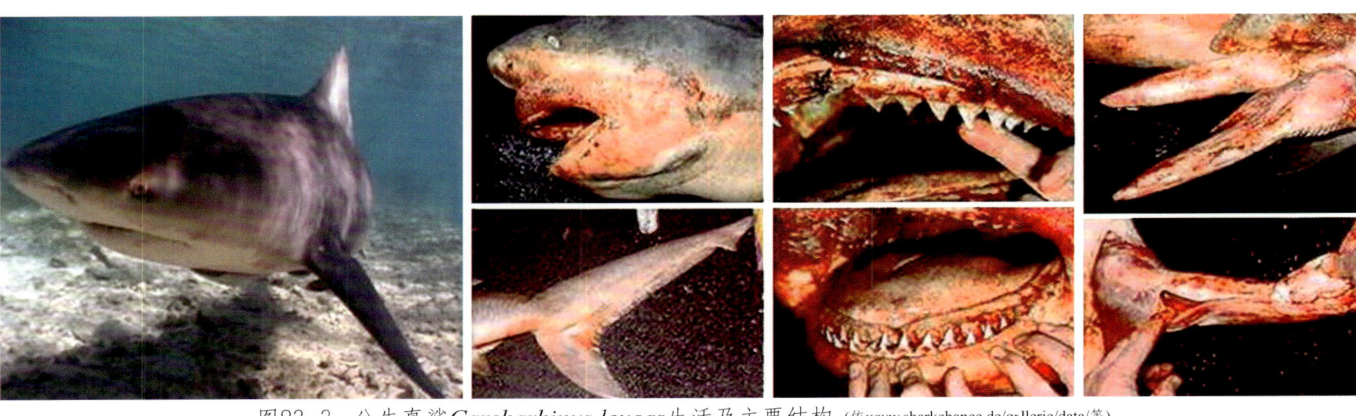

图82-2 公牛真鲨*Carcharhinus leucas*生活及主要结构 (依www.sharkchance.de/gallerie/data/等)

(83) 侧条真鲨

Carcharhinus limbatus (Valenciennes, 1839)

【汉语拼音】 cè tiáo zhēn shā 【英文名】 Graceful shark, Crossband shark, Blacktip shark
【别　　名】 黑边鳍白眼鲛(台湾)
【同物异名】 *Carcharias limbatus*
【分类地位】 真鲨目 Carcharhiniformes，真鲨科 Carcharhinidae

【形态特征】 体纺缍形，躯干粗大，向头、尾渐细小。头宽扁，尾稍侧扁。**吻背视等边三角形，**前端尖突，侧视为等腰三角形。口宽而圆弧形，**闭口时颌齿不外露，**上颌齿狭，三角形，齿头尖直，基底宽，边缘具细锯齿。**下颌齿细长，矛状，边缘光滑。**唇褶很短。**鳃孔5个。背鳍2个，前方均无棘。**第二背鳍很小。

体背面和上侧面灰褐色，下侧面和腹面白色。**体侧从胸鳍基底上方至腹鳍基部上方具1白色纵条。各鳍端部暗褐色至黑色。**

图83-1 侧条真鲨*Carcharhinus limbatus* (依www.sharkacademy.com)

【生物与生态学特性】 本种属暖水性中型鲨类，常见个体全长1.4~1.7m，最大可达2.75m，体重122.8kg。常栖息在礁盘海域，生活水深在30m以内。活泼善泳，性凶猛，以浮游及底栖鱼类、头足类及其他鲨类和鳐类为食。卵胎生，每胎产10~20仔。

【分布】 广泛分布于南北纬40°间的世界各大洋，我国产于东海、台湾海域和南海。

【现状与保护】 世界自然保护联盟(**IUCN**)列为低危物种。

图83-2 侧条真鲨*Carcharhinus limbatus* (依www.coast-shark.com/Reports/)

(84) 长鳍真鲨

Carcharhinus longimanus (Pocy, 1861)

【汉语拼音】 cháng qí zhēn shā 【英文名】 Oceanic whitetip shark, White tip shark
【别 名】 污斑白眼鲛(台湾)
【同物异名】 *Squalus longimanus, Carcharhinus lamiai*
【分类地位】 真鲨目 Carcharhiniformes，真鲨科 Carcharhinidae

【形态特征】 体纺锤形，躯干较粗大。头宽扁，**尾基上凹洼明显，下凹洼较弱**。吻前缘广圆形。口深弧形，**口闭时颌齿不外露**。上颌齿宽扁三角形，边缘具细锯齿，每侧13~15齿，下颌齿基底宽大，每侧15齿。唇褶只口隅处具1短沟。鳃孔5个。背鳍2个，前方均无棘，第二背鳍小，**两背鳍间中央有低皮嵴**。尾鳍宽长，上叶见于尾端近处，臀鳍基底长等于第二背鳍基底。腹鳍近长方形。**胸鳍宽大，**镰形，**鳍端伸越第一背鳍基底后端。**

体背灰褐色，腹部白色。**鳍上常具暗色斑点或斑纹，胸鳍末端、第一背鳍上端、腹鳍后缘、尾鳍尖端等均具白斑。**第二背鳍上端、腹鳍外角、臀鳍后端及尾鳍下叶后端具黑斑。

图84-2 长鳍真鲨*Carcharhinus longimanus* (依Julius T. Csotonyi, M.Sc)

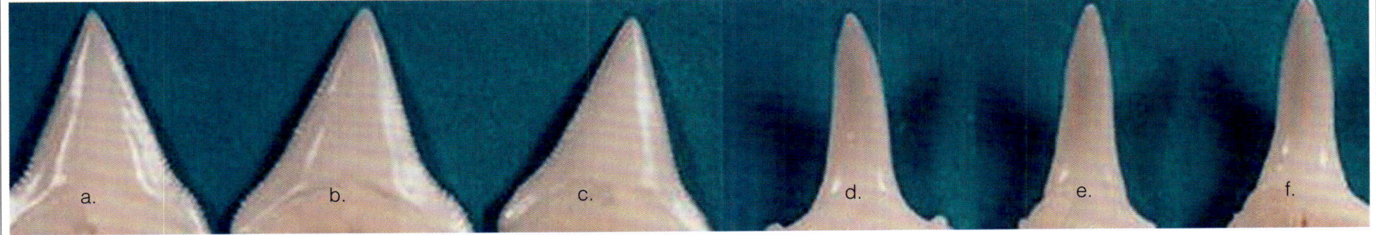

图84-1 长鳍真鲨*Carcharhinus longimanus* a~c 上颌齿 d~f 下颌齿 (依Chichester Inc.)

【生物与生态学特性】 大洋性大型上层鲨类，偶见于沿岸热带和暖温带海域，最大全长可达3.95m，体重167.4kg。雄鲨长1.75~1.98m性成熟，雌鲨约1.8~2.0m性成熟。胎生，每胎产1~15仔。活动水深通常在152m以内，性凶猛，食性很广，通常以硬骨鱼类、鳐类甚至海龟、海鸟、螺类及头足类等为食，有袭击人和船的记录。

【分布】 广泛分布于温带和热带海域，我国产于台湾东北部及西南部海域、南海，较少见。

【现状与保护】 世界自然保护联盟(**IUCN**)列为易危物种。

(85) 乌翅真鲨

Carcharhinus melanopterus (Quoy *et* Gaimard, 1824)

【汉语拼音】 wū chì zhēn shā 【英文名】 Blacktip reef shark
【别　　名】 乌翅白眼鲛(台湾)
【同物异名】 *Carcharias melanopterus, Squalus melanopterus*
【分类地位】 真鲨目 Carcharhiniformes，真鲨科 Carcharhinidae

【形态特征】 体纺缍形，躯干很粗大，向头、尾渐细小。头很宽扁，**尾基上下各具1凹洼**。吻背视弧形，前缘广圆，俯视钝尖。口宽而圆弧形。上颌齿宽扁，三角形，边缘具细锯齿，齿头外斜，外缘具一缺刻，**凹刻下有3~4个小齿头**。下颌齿较狭而直。唇褶仅见于口隅处。鳃孔5个。背鳍2个，第二背鳍小。尾鳍宽长，上叶只见于尾端近处，臀鳍约与第二背鳍同大。胸鳍宽大，镰形，鳍端伸达第一背鳍基底后端下方。

体背面灰褐色，下侧面和腹面白色。**第一和第二背鳍上端、尾端和下叶前部下端、臀鳍、腹鳍端部黑色或暗褐色**。胸鳍下端灰黑色。

图85　乌翅真鲨*Carcharhinus melanopterus*（采于浙江舟山）

【生物与生态学特性】 亚热带珊瑚礁丛中小型鲨类，通常雄鱼长0.9~1.0m，雌鱼长0.96~1.12m，最大全长为2.0m，重13.6kg。生活水深为20~75m，以甲壳类、头足类及其他贝类和鱼类为食。胎生，每胎产2~4仔，妊娠期16个月。独立或成小群活动，活泼善泳。

【分布】 分布于红海、地中海、印度洋、西太平洋，我国主要分布于台湾东北和西南海域、南海。

【现状与保护】 世界自然保护联盟(**IUCN**)列为低危物种，《中国物种红色名录》为易危物种。

(86) 黑印真鲨

Carcharhinus menisorrah (Müller *et* Henle, 1841)

【汉语拼音】 hēi yìn zhēn shā 【英文名】 Grey reef shark
【别　　名】 黑印白眼鲛(台湾)
【同物异名】 *Carcharhinus amblyrhynchos*
【分类地位】 真鲨目 Carcharhiniformes，真鲨科 Carcharhinidae

图86-1 黑印真鲨*Carcharhinus menisorrah* 外形（依FAO）

【形态特征】 体纺缍形，躯干粗大，向头、尾渐细小。头宽扁，尾稍侧扁，**尾基上下方各具1凹洼**。吻背视三角形，向前窄小。口弧形，**闭口时齿不外露**。上颌齿宽扁，三角形，边缘具细锯齿，齿头外斜。下颌齿较狭，尖直。上下颌各具1小型正中齿。唇褶仅见于口隅处。鳃孔5个。背鳍2个，前方均无棘，第一背鳍中大，第二背鳍小。尾鳍宽长，上叶只见于尾端近处。臀鳍与第二背鳍同大，腹鳍比臀鳍大，胸鳍宽大，稍呈镰形，**鳍端伸达第一背鳍基底中部**。

体背面灰褐色，下侧面和腹面白色。**第二背鳍前半部上方黑色**，其他各鳍后缘和尾鳍下叶边缘淡褐色。

【生物与生态学特性】 栖息于大陆棚、岛屿斜坡或附近开放性海域的中大型鲨类。常见体长1.0m左右，最大体长可达2.55m。通常巡游于珊瑚礁区，亦常出现于深海底层或位于强洋流附近而较浅的泻湖区。以鱼类、头足类及甲壳类为食。常成群觅食，掠捕速度快。性凶猛，对人类有潜在性危险。胎生，每胎产1~6尾幼鲨。

【分布】 分布于红海、印度洋、印度尼西亚及西面太平洋，我国沿海均有分布。

【现状与保护】 世界自然保护联盟(IUCN)列为低危物种。

图86-2 黑印真鲨*Carcharhinus menisorrah*（依June等）

(87) 暗体真鲨
Carcharhinus obscurus (Lesueur, 1818)

【汉语拼音】 àn tǐ zhēn shā 【英文名】 Dusky shark
【别　　名】 灰色白眼鲛(台湾)
【同物异名】 *Squalus obscurus*
【分类地位】 真鲨目 Carcharhiniformes，真鲨科 Carcharhinidae

【形态特征】 体纺锤形，躯干粗大，向头、尾渐细小。头平扁，**背视广弧形，尾基上下各具1凹洼**。吻前缘钝圆，侧视尖突。口弧形，**闭口时齿不外露。上颌齿宽扁，三角形，基底宽，边缘具细锯齿。下颌齿狭三角形，边缘也具细锯齿**。唇褶只见于口隅处。鳃孔5个。背鳍2个，前方均无棘，第二背鳍小。尾鳍颇宽长，上叶只见于尾端近处。臀鳍大于第二背鳍，腹鳍比臀鳍大，胸鳍宽长，呈镰状。

体背侧灰褐色，腹侧及腹面淡色。**背鳍和胸鳍黑褐色，其他各鳍褐色。**

【生物与生态学特性】 暖温带和热带上层鲨类，常见雄成鱼全长2.8~3.4m，雌成鱼2.57~3.65m，最长可达4.2m，体重346.5kg。栖息于从表层至400m深处。以各种鱼类、头足类等为食。胎生，每胎产3~14仔，幼鲨有成群摄食习性。

【分布】 广泛分布于南北纬40°之间的世界各大洋，我国产于东海和台湾东南海域。

【现状与保护】 世界自然保护联盟(**IUCN**)列为低危物种。

图87-1　暗体真鲨*Carcharhinus obscurus* a.背面 b.头侧面 c.腹面 (依George Burgess等)

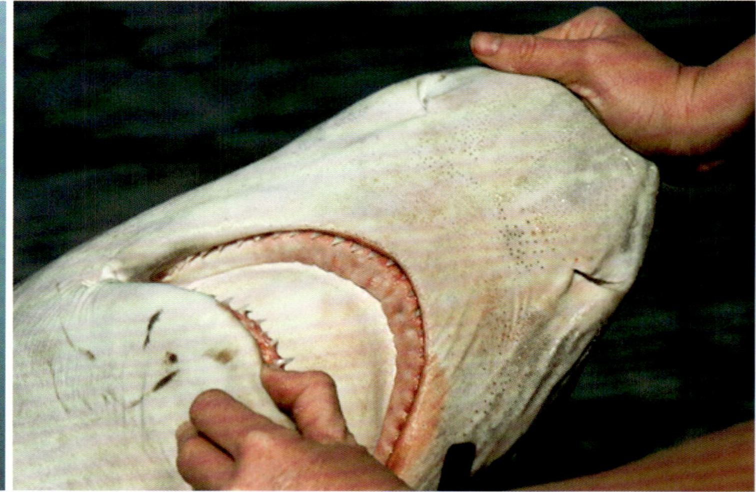

图87-2　暗体真鲨*Carcharhinus obscurus* (依Jeffrey L. Rotman等)

(88) 阔口真鲨

Carcharhinus plumbeus (Nardo, 1827)

【汉语拼音】kuò kǒu zhēn shā　【英文名】Sandbar shark, Bigmouth shark
【别　　名】高鳍白眼鲛(台湾)
【同物异名】*Squalus plumbeus*
【分类地位】真鲨目 Carcharhiniformes，真鲨科 Carcharhinidae

【形态特征】 体纺锤形，躯干较粗大，向头、尾渐细小。**尾基上下方具凹洼**。吻背视弧形，前缘钝圆，侧视尖突。口弧形，**闭口时齿不外露**。上颌齿宽扁，三角形，边缘具细锯齿，齿头外斜，外缘有1缺刻。下颌齿较狭而直，内侧和外侧凹入，边缘也具细锯齿，上下颌均具1细小正中齿。唇褶只见于口隅处。**鳃孔5个**。**背鳍2个，前方均无棘**。第二背鳍小，**两背鳍间隔正中具1纵行皮嵴**。尾鳍宽长，上叶只见于尾端处。臀鳍与第二背鳍等大，腹鳍比第二背鳍稍大，胸鳍近镰形，**伸达背鳍基底后端或稍后**。

体青褐色或灰褐色，腹面白色，**各鳍灰褐色，后缘较淡**。

【生物与生态学特性】 温带和热带近海上层中型鲨类，常见雄成鱼全长1.31~1.78m，雌成鱼1.44~1.84m，有报道最长为3m。栖息于潮间带至280m。胎生，每胎产1~14仔。以硬骨鱼类、小型鲨类及头足类、甲壳类等为食。在西北及东北大西洋是重要渔业对象，亦是主要游钓鱼类之一。

【分布】 分布于大西洋东西岸、西太平洋、夏威夷群岛以及西印度洋的红海，我国产于黄海、东海及台湾东北部海域。

【现状与保护】 世界自然保护联盟(IUCN列为低危物种。

图88-1 阔口真鲨*Carcharhinus plumbeus*（依George Burgess等）

图88-2 阔口真鲨*Carcharhinus plumbeus*（依Pedroyayadrums, George Burgess）

(89) 鼬鲨

Galeocerdo cuvier (Lesueur, 1828)

【汉语拼音】 yòu shā
【英 文 名】 Tiger shark, Leopard shark
【别　　名】 居氏鼬鲨
【分类地位】 真鲨目 Carcharhiniformes，真鲨科 Carcharhinidae

【形态特征】 体粗大，延长，后部渐细小。头长大，宽扁，尾亚圆筒形，**尾侧正中自臀鳍上方始至尾鳍后方具1纵行隆起嵴，但未形成侧褶。尾鳍上下方各具1凹洼。**吻背视平扁广圆，侧视钝尖。口深弧形。闭口时齿不外露。**上下颌齿同形，侧扁，斜三角形，**基底宽，**齿头外斜，里、外缘均具细锯齿，**外缘凹缺后具3~6小齿头，小齿头边缘也具细锯齿。上唇褶粗大，下唇褶细狭。**鳃孔5个。背鳍2个，前方均无棘。**第二背鳍很小。尾鳍延长细尖，臀鳍比第二背鳍略小，腹鳍比第二背鳍稍大。胸鳍鳍端伸达第一背鳍基底后端。

体灰褐色或青褐色，腹面白色，**体侧和鳍具不规则褐色斑点，连成许多纵行和横行条纹。**

【生物与生态学特性】 为暖水性中上层大型鲨类，雄鲨全长2.25~2.9m，雌鲨2.5~3.5m达性成熟。有报道本种最大个体可达7.4m，体重逾807kg。常近河口、港湾活动，夜晚至浅水区摄食，白天至深水，最深达350m。活泼健泳、凶猛且贪婪，为最危险的鲨类之一，有常袭人和小船的记录。平常以鱼类、头足类等为食，也常吞食各种海洋哺乳类、海龟、鸟类等。卵胎生，每产10~82仔，仔鲨长0.51~0.76m。

图89-1　鼬鲨*Galeocerdo cuvier*（依Béarez, Philippe）

【分布】 广泛分布于世界各大洋南北纬40°之间，我国产于黄海、东海、台湾东北和西南海域、南海。

【现状与保护】 世界自然保护联盟(**IUCN**)列为低危物种。

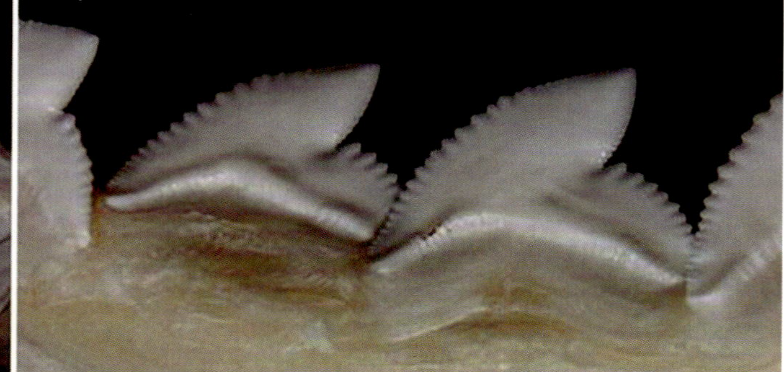

图89-2　鼬鲨*Galeocerdo cuvier*（依http://www.biopix.dk/Temp/）

(90) 长吻基齿鲨

Hypoprion macloti (Müller *et* Henle, 1839)

【汉语拼音】 cháng wěn jī chǐ shā 【英文名】 Hardnose shark
【别　　名】 枪头鲛（台湾）
【同物异名】 *Carcharhinus macloti*
【分类地位】 真鲨目 Carcharhiniformes，真鲨科 Carcharhinidae

【形态特征】 体延长，躯干稍粗大。头长而平扁，尾侧扁，**尾基上下方各具1凹洼**。吻很长，**吻软骨末端膨大、坚硬呈球状，手摸感明显**。吻背视等边三角形，前缘钝尖，侧视延长尖突。口弧形，闭口时齿不外露。上颌齿侧扁，狭三角形，齿头稍外斜，边缘光滑。下颌齿较直而狭，边缘和基部光滑。唇褶只见于口隅处。**鳃孔5个。背鳍2个，前方均元棘**。第二背鳍很小，**两背鳍间隔正中具1纵行皮嵴**。尾鳍宽长，上叶见于近尾端处。臀鳍比第二背鳍稍大，腹鳍比臀鳍稍大。胸鳍宽大，略呈镰形，鳍端几伸达第一背鳍基底后端。

背侧面深褐色，腹面淡褐色。各鳍深褐色，胸鳍、腹鳍和臀鳍后缘稍淡。

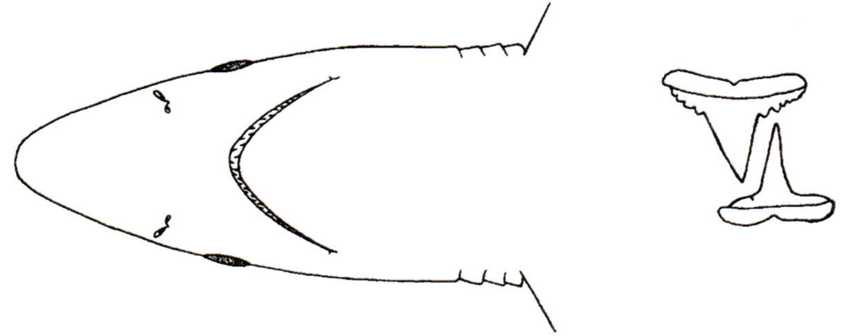

图90-1 长吻基齿鲨*Hypoprion macloti*头部腹面及上下颌齿（依中国动物志 软骨鱼纲）

图90-2 长吻基齿鲨*Hypoprion macloti*（依Iranian Fisheries Research Organization）

【生物与生态学特性】 暖温性近岸小型鲨类，常见个体全长在1.1m左右，生活水深为0~170m。以其他 鱼类、头足类及甲壳类为食。胎生，每胎产1~2仔，刚产仔鲨长0.45~0.50m。

【分布】 分布于印度-太平洋的巴基斯坦、印度、越南、澳大利亚东北部海域，我国产于东海、台湾西部海域和南海。

【现状与保护】 世界自然保护联盟(**IUCN**)列为濒危物种。

(91) 恒河鲨

Glyphis gangeticus (Müller *et* Henle, 1839)

【汉语拼音】 héng hé shā
【英 文 名】 Ganges shark, Ground shark, Gangetic shark
【别　　名】 印度露齿鲨
【分类地位】 真鲨目 Carcharhiniformes，真鲨科 Carcharhinidae

【形态特征】 体呈长纺锤型，躯干颇粗壮。头宽扁。**尾基上下方各具1凹洼。眼小。**吻短而宽圆。口弧形，下颌短，**口闭时齿外露。**上颌齿宽扁三角形，边缘具明显锯齿，齿尖稍外斜，无小齿尖。下颌齿较窄而直立，边缘光滑。**背鳍2个，**第一背鳍宽大，第二背鳍小，**背鳍间无隆起嵴。**尾鳍宽长，上叶小。臀鳍比第二背鳍稍小，腹鳍稍大于第二背鳍。**胸鳍大型，镰刀形，**鳍端伸达第一背鳍基底后端。

体背侧灰褐色，下侧面和腹面白色，**体无任何色斑。**各鳍暗褐色，胸鳍和臀鳍边缘浅褐色。

【生物与生态学特性】 为热带近岸中小型鲨类，生态习性所知不多，仅知栖息于沿岸、河口，甚至河川中。最大个体在2.04m左右，胎生。以小型硬骨鱼类及甲壳类、乌贼等为食，在恒河流域曾有食人的传说。

【分布】 分布于印度-西太平洋区，包括孟加拉国、印度、巴基斯坦等，我国产于东海、台湾东北以及南海诸岛海域。

【现状与保护】 世界自然保护联盟(**IUCN**)列为极危物种。

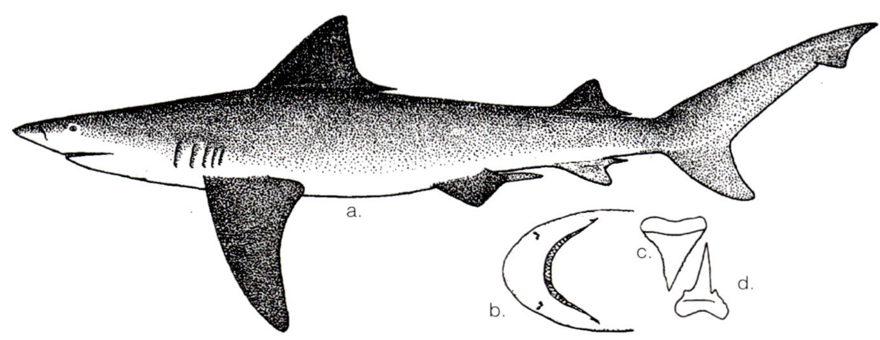

图91-1　恒河鲨*Glyphis gangeticus* a.外形 b.头部腹面 c.~d.上下颌齿 (依FAO)

图91-2　恒河鲨*Glyphis gangeticus* (依http://shopping.requins.free.fr/)

(92) 大青鲨

Prionace glauca (Linnaeus, 1758)

【汉语拼音】 dà qīng shā
【英 文 名】 Blue shark
【别　　名】 锯峰齿鲛(台湾)
【分类地位】 真鲨目 Carcharhiniformes，真鲨科 Carcharhinidae

【形态特征】 **体延长**，亚纺锤形。**头宽扁，尾细长，尾鳍基上下方各具1凹洼**。吻三角形，长而尖突。口中大，半月形。上颌齿宽扁，三角形，边缘具细锯齿，下颌齿较狭尖，基底宽大，细锯齿或有或无。**上下颌各具1细小正中齿**。唇褶隐于口隅处。**鳃孔5个**。**背鳍2个，前方均无棘**。第二背鳍小。尾鳍宽长，上叶位于尾端近处，**尾柄具低侧嵴**。臀鳍和腹鳍均小，胸鳍狭长，镰形，鳍端伸达第一背鳍基底后半部。

背面和上侧面深蓝色，腹面和下侧面白色。

图92-1 大青鲨*Prionace glauca* (依http://www.fpir.noaa.gov/Graphics/OBS/)

【生物与生态学特性】 大洋性上层鲨类，常成大群活动，以太平洋北纬20°~50°间产量居多。成体全长4.8~6.5m。胎生，每胎产4~135仔。妊娠期9~12个月。4~5龄性成熟，5龄交配后精子在雌体卵壳腺中可贮存较长时间，至第六年春开始受精，第七年春至初夏产仔，刚产仔鲨长0.35~0.44m。本种的鳃耙具乳头状突起，在真鲨类中唯一能防止小动物，如乌贼等从鳃裂滑出。食性很杂，在胃中曾发现鲸和海豚肉，也有袭击人和船的记录。

【分布】 广布于世界各温带和热带海洋，我国见于台湾东北部海域及南海。

【现状与保护】 世界自然保护联盟(**IUCN**)列为低危物种。

图92-2 大青鲨*Prionace glauca* (依Wirtz, Peter,http://www.bluesharkcharters.com/)

(93) 尖吻鲨

Rhizoprionodon acutus (Rüppell, 1837)

【汉语拼音】 jiān wěn shā 【英文名】 Milk shark, Sharp nosed shark
【别　　名】 瓦氏斜齿鲨、尖吻斜锯牙鲨、尖头曲齿鲛(台湾)
【同物异名】 *Carcharias acutus, Scoliodon walbeehmi*
【分类地位】 真鲨目 Carcharhiniformes，真鲨科 Carcharhinidae

【形态特征】 体呈纺锤型，躯干略修长。头宽而纵扁。**尾基上下方各具1凹洼。吻宽而呈抛物线状。**口裂宽大，深弧形，**口闭时下颌齿不明显外露。上下颌齿同型，**宽扁三角形，外缘凹入，边缘平滑，齿尖向外倾斜，无小齿尖。**鳃孔5个，背鳍2个，背鳍间无隆脊，第二背鳍小。**胸鳍等于或大于第一背鳍，鳍端伸达第一背鳍基底前部。尾鳍窄长，下叶前部显著三角形突出，后部小三角形突出，**尾端尖突。**

体背面及上侧面灰褐色，下侧面及腹面白色，有时体侧具少数不规则暗褐色斑点。背鳍及尾鳍边缘暗褐色，臀鳍、腹鳍、胸鳍边缘色淡。

【生物与生态学特性】 暖水性近海中小型鲨鱼，成体体长0.80~1.75m。通常栖息于大陆架、近海，也偶尔出现于河口。主要以小型鱼类、头足类及其他无脊椎动物为食。胎生，每产1~8仔，初生幼鲨体长为0.30~0.35m。

【分布】 分布于东大西洋、印度–西太平洋。我国产于东海南部和南海。

【现状与保护】 世界自然保护联盟(IUCN)列为濒危物种。

图93–1　尖吻鲨*Rhizoprionodon acutus*（依http://www.sportesport.it/images/Biology/Sharks)

图93–2　尖吻鲨*Rhizoprionodon acutus*（依Randall, John E)

(94) 鎚头双髻鲨

Sphyrna zygaena (Linnaeus, 1758)

【汉语拼音】 chuí tóu shuāng jì shā
【英 文 名】 Smooth hammerhead shark
【别　　名】 书生鲨、相公鲨、锤头双髻鲨
【分类地位】 真鲨目 Carcharhiniformes，双髻鲨科 Sphyrnidae

【形态特征】 体延长，稍侧扁，亚圆筒形。**头平扁，向两侧扩展，形成槌状突出**。尾侧扁，尾基下方凹洼不显著。吻短而宽，**前缘广弧形，波曲，正中圆凸**。口弧形，下唇褶很短小，上唇褶几消失。上颌齿侧扁，三角形，齿头外斜，边缘光滑，正中一齿细小而尖。下颌齿与上颌齿相似，但较狭小。鳃孔5个。背鳍2个，第二背鳍小，均无棘。尾鳍宽长，尾椎轴上翘，上叶小，下叶前部显著大三角形突出。臀鳍比第二背鳍大，胸鳍中大，鳍端伸达第一背鳍基底后半部。

体灰褐色，腹面白色。背鳍、尾鳍、胸鳍边缘和鳍端暗褐色。臀鳍和腹鳍浅色，外角暗褐色。

【生物与生态学特性】 为暖水性外洋大型鲨类，常见雄成鱼全长2.1~2.4m，雌成鱼则在3m以上，最长有报道可达5m，体重达400kg。本种性凶猛，以其他鲨类、鳐类以及硬骨鱼类、头足类、甲壳类等为食。生活水深为0~200m。胎生，每胎产29~37仔，刚产仔鲨长0.50~0.61m。

【分布】 分布于印度洋、太平洋和大西洋热带和亚热带海区，我国产于黄海、东海和台湾北部海域。

【现状与保护】 世界自然保护联盟(**IUCN**)列为濒危物种。

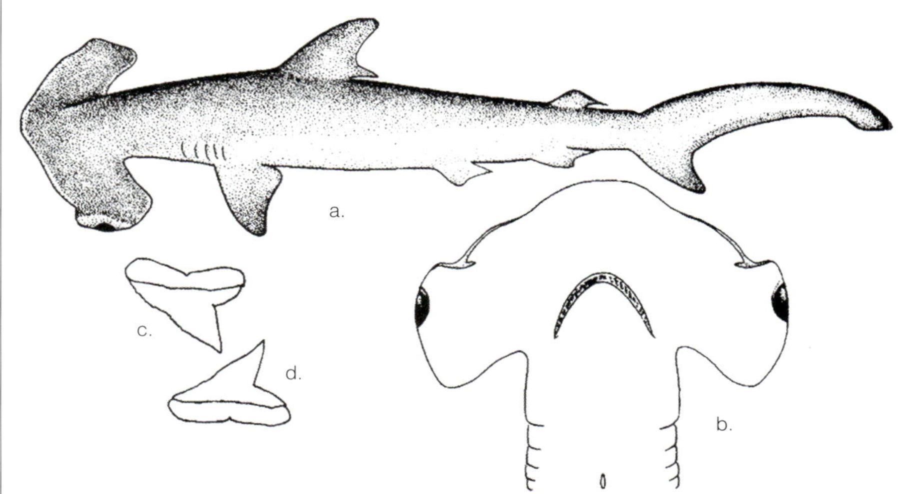

图94-1 锤头双髻鲨*Sphyrna zygaena* a.外形 b.头部腹面 c~d.上下颌齿 (依中国动物志 软骨鱼纲)

图94-2 鎚头双髻鲨*Sphyrna zygaena*生活图 (依Capt.Bill brown、“爬行天下”)

(95) 笠鳞棘鲨

Echinorhinus cookei (Pietschman, 1928)

【汉语拼音】 lì lín jí shā 【英文名】 prickly shark
【别　　名】 棘吻鲨、笠鳞鲛(台湾)
【同物异名】 *Echinorhinus brucus*
【分类地位】 角鲨目 Squaliformes，棘鲨科 Echinorhinidae

【形态特征】 体延长粗壮，头稍平扁。吻短圆，从眼部向前渐窄。口新月形，口宽大于吻长，口角具短小唇褶。两颌齿同型，侧扁，齿头向口角倾斜呈切缘，切缘中央有微细锯齿，侧齿头每侧2个，个别3齿头，基部宽阔，边缘锯齿发达，两颌均无正中齿。**鳃孔5个。鳞小，呈笠状，中央具1棘突**，不扩展为圆盾状，亦不连结成片。**背鳍2个**，同形，小而后位，**前方均无棘。第一背鳍位于腹鳍基部中央上方**。尾鳍镰刀形，后端尖，上叶发达，下叶前部不分叶，呈三角形突出。**无臀鳍**，腹鳍较背鳍大。胸鳍短小，后缘截形。

体背面褐色，腹面灰白色。

【生物与生态学特性】 大型底栖深水鲨类，已发现最深可达900m处，偶尔也至浅水区活动，最长可达4.0m。卵胎生，通常每产15~24仔，最多时有报道可产114仔。缓慢行动，以其他 鱼类、鲨类及头足类为食。

【分布】 分布于西太平洋的日本、澳大利亚和新西兰以及东太平洋的夏威夷等，我国产于台湾东北海域。

【现状与保护】 世界自然保护联盟(IUCN)已列为濒危物种。

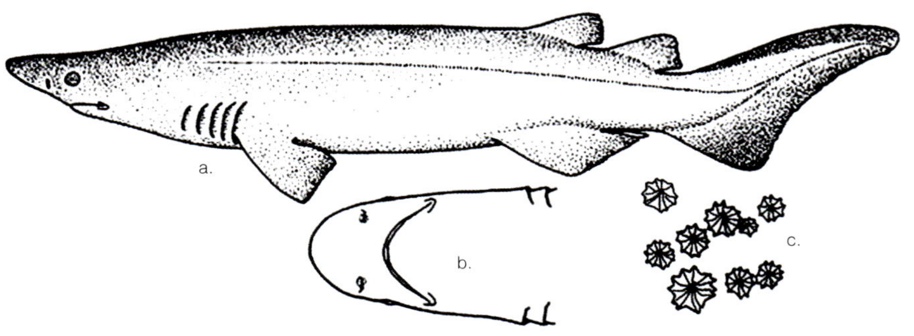

图95-1 笠鳞棘鲨*Echinorhinus cookie* a.外形 b.头部腹面 c.笠鳞 (依FAO)

图95-2 笠鳞棘鲨*Echinorhinus cookie* (依homepage.mac.com/mollet/Ec/,www.soest.hawaii.edu/)

(96) 针刺鲨

Centrophorus acus Garman, 1906

【汉语拼音】 zhēn cì shā
【英 文 名】 Needle dogfish
【别　　名】 尖鳍刺鲨、黑尖鳍鲛(台湾)
【分类地位】 角鲨目 Squaliformes，角鲨科 Squalidae

【形态特征】 体延长。头平扁，尾部短，**尾基无凹洼**。吻短，背视钝三角形，侧视尖突。眼长椭圆形，两端尖。口浅弧形，近于横列，口侧具1斜行深沟，唇褶扁狭而短，上下唇褶几等长。上下颌齿均为单齿头型，**中央有1突出柄**，无正中齿，但上颌齿小，下颌齿大。鳃孔5个。**盾鳞具3纵嵴**，以中央嵴较强而长，侧嵴短而弱，**后缘具3棘突。背鳍2个，前方各具1硬棘，棘每侧具1纵沟**。第一背鳍起点位于腹鳍起点之前，第二背鳍略小于第一背鳍。尾鳍宽短，上叶很发达，下叶前部三角形突出，与后部间有一缺刻，后缘截形。**无臀鳍**，腹鳍低平。胸鳍中大。

体灰褐色，腹部色淡。

【生物与生态学特性】 小型深水鲨，通常生活在水深200m处以下，常见个体全长0.81m左右，卵胎生。其他习性不详。

【分布】 分布于西太平洋，墨西哥湾及日本本州南方附近海域，西北大西洋。我国产于台湾大溪海域及南海海域。

【现状与保护】 世界自然保护联盟(IUCN)已列为濒危物种。

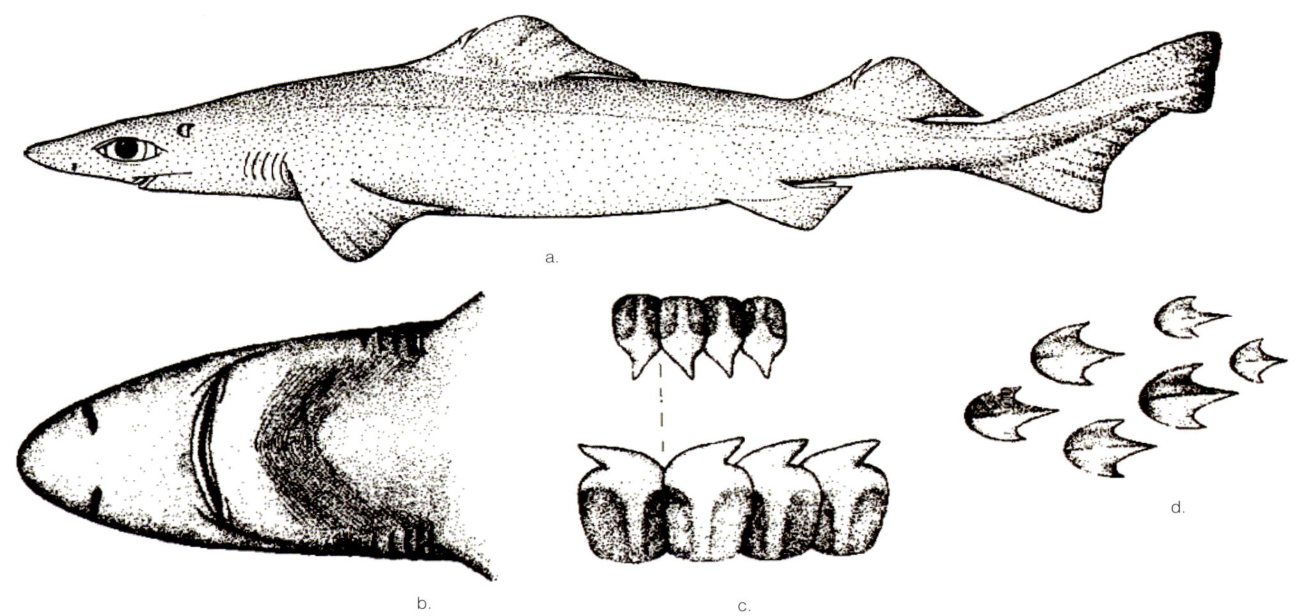

(97) 台湾刺鲨

Centrophorus niaukang Teng, 1959

【汉语拼音】 tái wān cì shā
【英 文 名】 Taiwan gulper shark
【别　　名】 邓氏尖鳍鲛、猫公鲨(台湾)
【分类地位】 角鲨目 Squaliformes，角鲨科 Squalidae

【形态特征】 体亚纺锤形，稍侧扁而粗壮。吻端钝尖。鼻孔几横列，眼相当小，口浅弧形，口角具唇褶，口角外侧有一斜直深沟。上颌齿17-1-17，窄小三角形，齿缘有细锯齿。下颌齿14-1-14，宽而斜，齿冠缘及齿基部均具细锯齿。喷水孔大，位于眼后上方。鳃孔5个。**盾鳞大，无柄，体侧鳞呈圆锥刺状，大小不一，排列不紧密，基板圆，鳞外表面有6~10条纵嵴，向后在尖端集中。**背鳍2个，**前方均具棘，**棘粗大，两侧具纵沟，外露部分很短。**第一背鳍起点位于腹鳍起点之前，**第二背鳍略小于第一背鳍。**无臀鳍。**

体及各鳍锈褐色，背部色较深，腹部色淡。

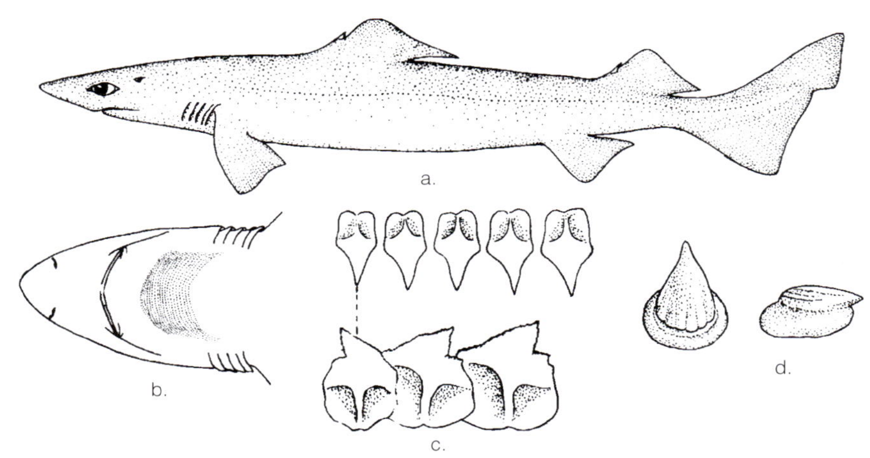

图97-1 台湾刺鲨*Centrophorus niaukang* a.外形 b.头部腹面 c.上下颌齿 d.盾鳞
(依中国动物志 软骨鱼纲)

【生物与生态学特性】 为暖水性中型深海鲨类，生活水深可在750m以上，卵胎生，已知最大全长为1.54m，其他习性不详。

【分布】 分布于印度—西太平洋，我国仅产于台湾外海的大陆架附近。

【现状与保护】 世界自然保护联盟(IUCN)及《中国物种红色名录》中均列为濒危物种。

图97-2 台湾刺鲨*Centrophorus niaukang* (依台湾鱼类资料库)

(98) 叶鳞刺鲨

Centrophorus squamosus (Bonnaterre, 1788)

【汉语拼音】 yè lín cì shā
【英 文 名】 Leafscale gulper shark
【分类地位】 角鲨目 Squaliformes，角鲨科 Squalidae

【形态特征】 体延长，头平扁而宽，尾宽短。吻短，鼻孔呈浅弧形排列。口大，浅弧形，口侧具1斜行深沟，上下唇褶短。上下颌均为单齿头，无正中齿，上颌齿较小，尖三角形，边缘光滑无细锯齿，下颌齿稍大，基底近方形，中央有1突出柄。鳃孔5个。**背鳍2个，各具1硬棘，**棘强而长，棘侧具纵沟。**第一背鳍位于胸鳍基底稍后上方，第二背鳍高大于第一背鳍高的3/5~3/4。胸鳍里角稍尖突，末端不达第一背鳍尖端垂直线。**尾鳍宽短，**鳍长稍短于吻端至胸鳍基底。无臀鳍。鳞呈叶片形，**具3纵嵴，后缘有细锯齿缘，**排列紧密，彼此重叠。**

体呈灰褐色，尾鳍后缘与下缘黑色。

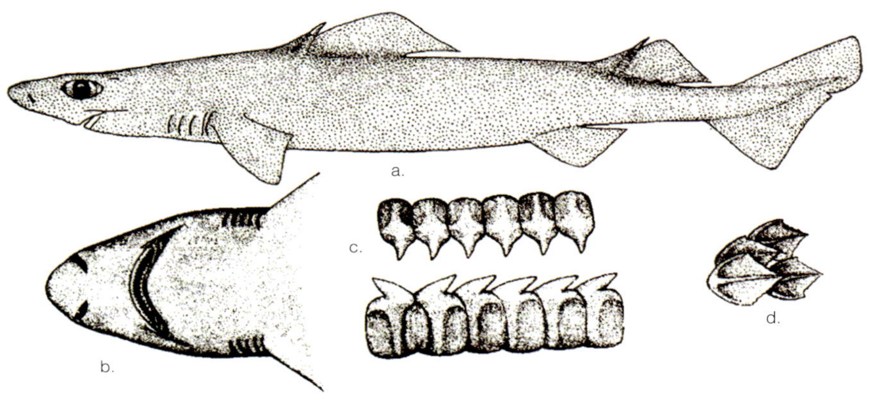

图98–1 叶鳞刺鲨*Centrophorus squamosus* a.外形 b.头部腹面 c.上下颌齿 d.盾鳞
(依中国动物志 软骨鱼纲)

【生物与生态学特性】 中型深水鲨类，通常栖息在大陆坡水深229~3940m处。雌成鱼长1.03m左右，雄成鱼长1.35~1.58m，最大记录全长为1.6m。以底栖鱼类及头足类为食。卵胎生，每胎产5仔，其余习性不详。

【分布】 分布于东大西洋、西印度洋及西太平洋的日本、菲律宾、澳大利亚、新西兰等，我国产于东海和南海。

【现状与保护】 世界自然保护联盟(IUCN)及《中国物种红色名录》均列为易危物种。

图98–2 叶鳞刺鲨*Centrophorus squamosus* (依Cambraia Duarte, Pedro Miguel Niny)

(99) 欧氏荆鲨

Centroscymnus owston Garman, 1906

【汉语拼音】 ōu shì jīng shā
【英 文 名】 Roughskin dogfish, Owston's dogfish
【分类地位】 角鲨目 Squaliformes、角鲨科 Squalidae

【形态特征】 体延长侧扁。头平扁而宽，尾短而高。吻侧视尖突，**吻长等于眼径，**背视前缘钝圆。眼大。口大而几乎平直，**口宽约等于或小于口前吻长，**口侧具1斜行深沟，上唇口缘流苏稀髭状，下唇光滑。上下颌齿异型，均为单齿头，无正中牙；上颌每齿尖锐直立，两侧齿头稍外斜，边缘光滑。下颌齿稍低，齿头外斜，边缘光滑，基底近方形，中央有1突出柄。鳃孔5个。**盾鳞具3纵嵴、3棘突。**背鳍2个，**各具1短弱不甚明显的硬棘。第一背鳍小，近似长方形，第二背鳍稍高于第一背鳍。尾鳍宽短，上叶边缘平直，下叶前部呈三角形突出。无臀鳍。**

体呈暗褐色。

图99 欧氏荆鲨*Centroscymnus owstoni* (依FAO)

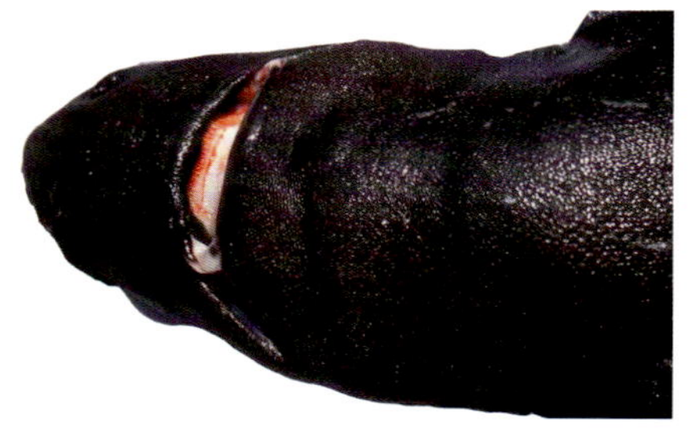

【生物与生态学特性】 外洋性深海中型鲨类，生活区域在水层100~1500m之间，最大体长1.21m，以其他鱼类及头足类为食，卵胎生，每胎产16~18仔，仔鲨体长0.27~0.30m。

【分布】 国外分布于日本的相模湾，我国产于东海。

【现状与保护】 世界自然保护联盟(**IUCN**)列为濒危物种，《中国物种红色名录》列为易危物种。

(100) 须角鲨

Cirrhigaleus barbifer Tanaka, 1912

【汉语拼音】 xū jiǎo shā
【英 文 名】 Mandarin dogfish
【别 名】 长须卷盔角鲨、长须棘鲛(台湾)
【分类地位】 角鲨目 Squaliformes，角鲨科 Squalidae

【形态特征】 体粗壮，**躯干背部隆起**，横剖面呈亚三角形。吻广圆，短而平扁。**鼻孔内侧前缘具很长的肉质鼻须，末端尖细，伸达口角后方**。口横裂，具唇褶。上下颌齿同形，齿侧扁呈叶状，侧缘相互重叠，具1倾斜齿尖，上颌齿稍小于下颌齿，齿缘光滑。鳃孔5个。皮肤粗糙，盾鳞大，具3棘突、3纵脊。背鳍2个，同形，几等大，**均具长而粗的棘**。**无臀鳍**，尾鳍宽短，近帚形，上叶稍大于下叶。腹鳍近三角形。

体背部棕灰色，腹部白色，各鳍具明显白色缘。

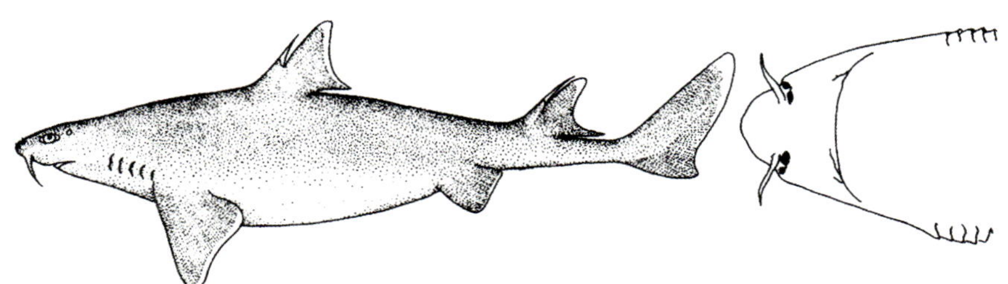

图100-1 须角鲨*Cirrhigaleus barbifer* (依中国动物志 软骨鱼纲)

【生物与生态学特性】 深海底栖小型鲨类，栖息于水深140~650m处或近底栖。通常雄成鱼全长0.86m，雌成鱼0.92~1.08m，最长1.26m。以底栖鱼类及无脊椎动物为食。卵胎生，每胎产10仔。其他习性不详。

【分布】 分布于日本、新西兰及澳大利亚，我国产于台湾东北部及东部海域。

【现状与保护】 世界自然保护联盟(IUCN)列为濒危物种，《中国物种红色名录》列为易危物种。

图100-2 须角鲨*Cirrhigaleus barbifer* a.第二背鳍 b.第一背鳍 c.头部背面 (依テル岡本)

(101) 田氏鲨

Deania calcea (Lowe, 1838)

【汉语拼音】 tián shì shā 【英文名】 Birdbeak dogfish
【别　　名】 篦吻棘鲛(台湾)
【同物异名】 *Acanthidium calcea*
【分类地位】 角鲨目 Squaliformes，角鲨科 Squalidae

【形态特征】 体延长，**前部宽而平扁，后部稍侧扁，向后渐细狭**。头平扁，尾稍侧扁，尾基无凹洼。**吻背腹面具许多黏液孔**。口宽大，浅弧形，**口闭时齿外露**。上下颌两侧具空隙，齿小而侧扁，边缘光滑。上颌齿齿头近直立，下颌齿齿头向外甚斜。上下唇褶发达。鳃孔5个。盾鳞三叉形，具3棘突， 纵嵴。背鳍2个，前方各具1硬棘。**第一背鳍低而长，具浅侧沟，第二背鳍略高于第一背鳍**，棘较长。尾鳍中长，上叶发达。腹鳍低平，鳍脚扁而延长。无臀鳍。胸鳍中大，几呈长方形。

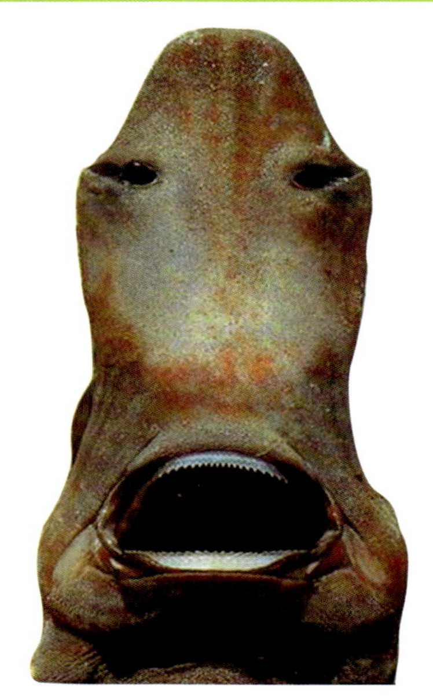

图101-1 田氏鲨*Deania calcea*头部腹面 (依:http://www.dinosoria.com/requins/)

体灰褐色，腹部色稍浅，各鳍色较深，鼻缘、口缘和鳃孔处呈黑褐色。

【生物与生态学特性】 为小型深水鲨类，栖息于大陆架水深约73~1 450m处。常见雄成鲨全长0.70~0.91m，雌成鲨稍大，最大记载为1.22m。以鱼类、头足类及虾类为食。卵胎生，每产6~12仔，刚产仔鲨长0.3m。

【分布】 分布于北大西洋东岸、西印度洋及东、西太平洋，我国产于东海和台湾海域。

【现状与保护】 世界自然保护联盟(**IUCN**)列为濒危物种,《中国物种红色名录》列入易危物种。

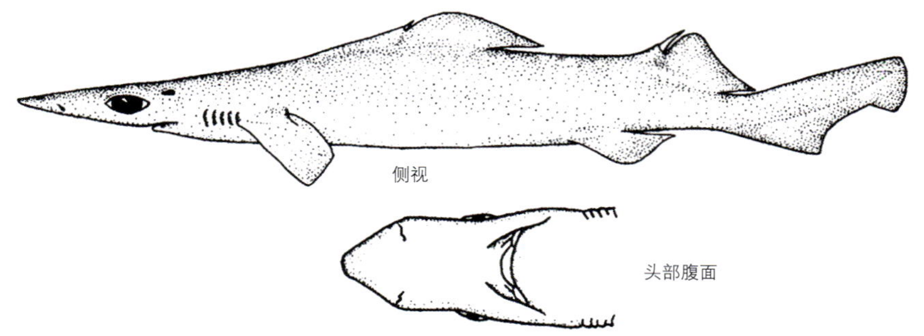

图101-2 田氏鲨*Deania calcea* (依中国动物志 软骨鱼纲)

图101-3 田氏鲨*Deania calcea* (依:http://www.dinosoria.com/requins/)

(102) 巴西达摩鲨

Isistius brasiliensis (Quoy *et* Gaimard, 1824)

【汉语拼音】 bā xī dá mó shā 【英文名】 Cigar shark, Cookiecutter shark
【别　　名】 达摩鲨、雪茄鲨(台湾)
【同物异名】 *Scymnus brasiliensis*
【分类地位】 角鲨目 Squaliformes，角鲨科 Squalidae

【形态特征】 亚圆柱形，细长，向后渐细而稍侧扁。吻颇短，**厚而肉质。眼后端尖狭。口平横，**稍波曲，**上唇发达，口角具翼状厚唇褶，下颌后方无下唇褶，**口隅外侧具1斜行深沟。上下颌齿异型，上颌齿尖钩状，稍外斜，下颌齿大而直立，齿冠呈侧扁三角形，齿缘光滑。鳃孔5个。背鳍2个，**前方均无棘，后位且小。**尾鳍上叶较发达，下叶前部呈三角形突出。**无臀鳍。**腹鳍较高，大于两背鳍。胸鳍较小，长大于宽。

体背暗褐色，腹部浅褐色或淡白色。**胸鳍前方鳃孔间有1条明显的横行黑褐色环带，跨越腹部。**鳍褐色，胸鳍、背鳍和腹鳍具淡白色边缘。尾鳍上下叶呈暗褐色。**身体腹部有发光器官，能发绿光。**

【生物与生态学特性】 为深海小型鲨类，生活于在水深约为85~3 500m处，夜晚也偶在水体上层活动，成体最长约0.50m，雄成鲨体长0.31~0.39m，雌成鲨体长0.38~0.50m。卵胎生。**营外部寄生生活，两颌强而有力，具吸吮式唇和宽大的咽部，能吸着在大鱼身上，用剃刀状大尖齿咬破皮肤和肉，**亦捕食甲壳类及乌贼等软体动物。

【分布】 分布于南、北纬30°之间的世界各大洋，尤以中太平洋较多，我国产于台湾北部海域。

【现状与保护】 世界自然保护联盟(IUCN)列为濒危物种，《中国物种红色名录》列为易危物种。

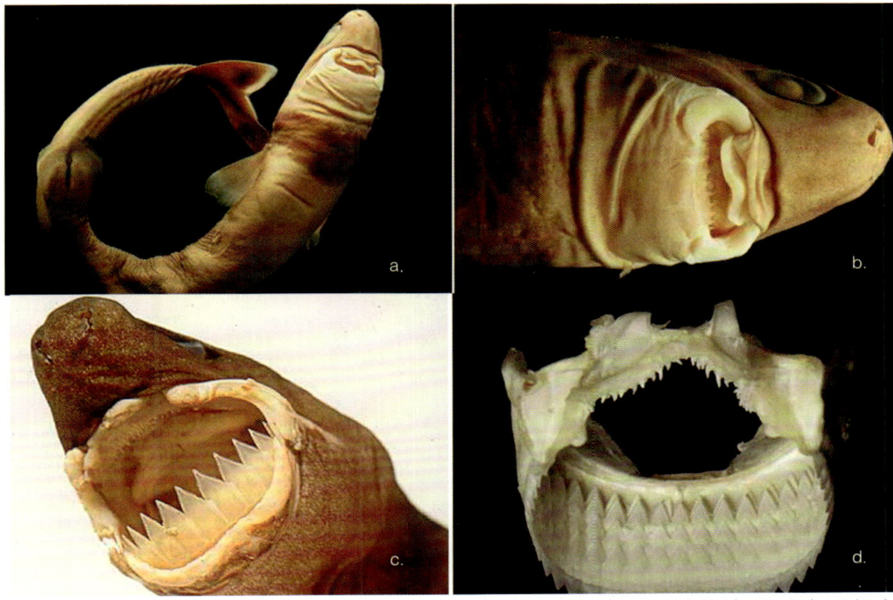

图102-1　巴西达摩鲨*Isistius brasiliensis* a.腹面 b.头部腹面 c.头部腹面 d.上下颌齿
(依www.amonline.net.au/fishes/fishfacts等)

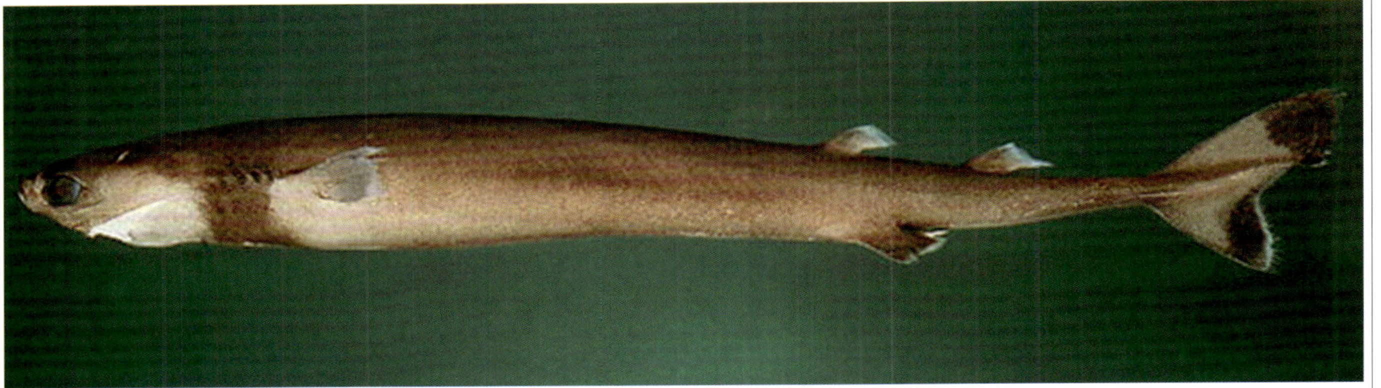

图102-2　巴西达摩鲨*Isistius brasiliensis*外形 (依Randall, J.E)

(103) 阿里小角鲨
Squaliolus aliae Teng, 1959

【汉语拼音】 ā lǐ xiǎo jiǎo shā 【英文名】 Spined pygmy shark
【别　　名】 阿里拟小角鲨、宽尾小角鲨、小抹香鲛(台湾)
【同物异名】 *Squaliolus laticaudus*
【分类地位】 角鲨目 Squaliformes，角鲨科 Squalidae

【形态特征】 体细长，亚纺锤形，稍侧扁。吻长而尖，**口平横，上颌唇缘有2个乳突。口角的唇厚而肉质，口角沟斜向后延伸**。齿侧扁，边缘光滑，上下颌异型，上颌齿细长而尖，正中齿直立，侧齿尖端稍斜向口角。下颌齿较大，侧齿头外斜，外缘深凹。**喷水孔大**，位眼上缘后方。鳃孔5个。**盾鳞小而平扁，顶部截形凹入**，围以四角形嵴缘，排列稀疏，大小不一。背鳍2个，第一背鳍短小，棘也很短，末端露出，**第二背鳍长而低，无棘**。尾鳍宽短，帚形，上叶颇发达。无臀鳍。腹鳍短而低，胸鳍宽大。

体背暗褐色，第一背鳍前部褐色，后部白色。第二背鳍白色。胸鳍基部黑色，外缘有1黑斑。**腹部密布发光器官，体侧发光器稀少。**

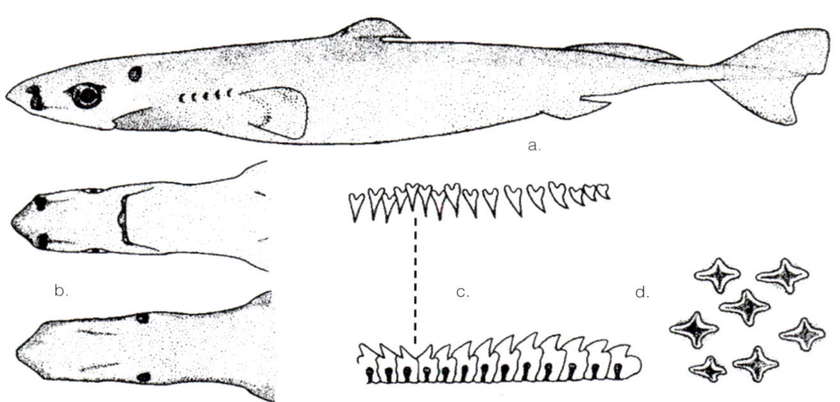

图103-1　阿里小角鲨*Squaliolus aliae* a.侧视 b.头部背腹面 c.上下颌齿 d.盾鳞
(依中国动物志　软骨鱼纲)

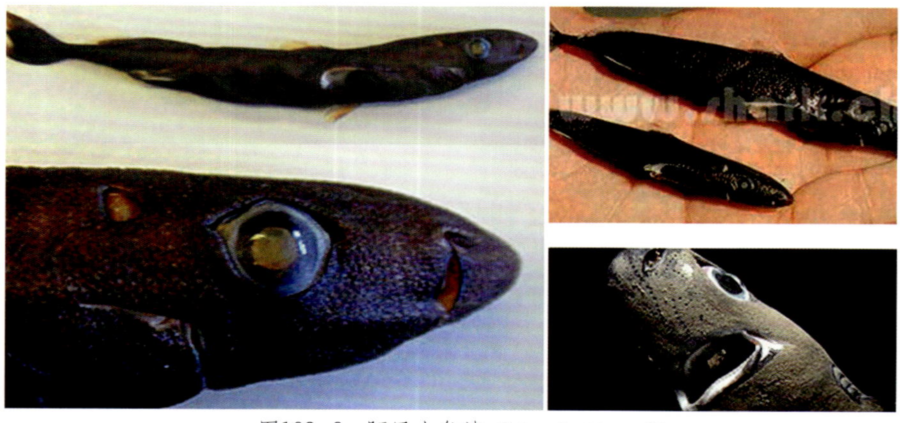
图103-2　阿里小角鲨（依Australian Museum等）

【生物与生态学特性】 为小型深水鲨类，雄成鱼全长219mm，雌性全长91~204mm，有记载雌性最长240mm，雄性为150mm，可能是鲨类中最小的一种。生活水深200~500m处，能进行昼夜垂直洄游，以中层小型头足类及鱼类为食。

【分布】 分布于日本、菲律宾等，我国产于台湾西南海域，水深约200~500m处，较罕见。

【现状与保护】 世界自然保护联盟(**IUCN**)、《中国物种红色名录》均列为濒危物种。

(104) 白斑角鲨
Squalus acanthias Linnaeus, 1758

【汉语拼音】 bái bān jiǎo shā
【英 文 名】 Piked dogfish
【分类地位】 角鲨目 Squaliformes，角鲨科 Squalidae

图104-1 白斑角鲨*Squalus acanthias*（依Meneses, P.D.）

图104-2 白斑角鲨*Squalus acanthias*（依http://www.flmnh.ufl.edu/fish/education/）

【形态特征】 体延长，头平扁，尾细长，**尾基上方具1凹洼，尾柄下侧具1纵行突起**。吻背视三角形，侧视尖而突出。口浅弧形，近于横列，口侧具1斜形深沟，唇褶发达。上下颌齿同型，单齿头型，侧扁而近长方形，边缘光滑，齿头很外斜，无正中齿。喷水孔很大，肾形。鳃孔5个。背鳍2个，**同形，前方各具1硬棘。第一背鳍稍大，起点后于胸鳍里角**。尾鳍宽短，近帚形，上叶发达。**无臀鳍**，腹鳍近长方形，**距第二背鳍比距第一背鳍为近**，鳍脚宽扁，后端钝尖。胸鳍颇宽大，亚三角形。盾鳞具3棘突，3纵嵴。

背面和上侧面灰褐色，下侧面和腹面白色。幼小者背面白斑开始减少，至成体白斑几消失，仅在上侧留存几个**不显明的白斑**。

【生物与生态学特性】 广布于温带和寒带，沿海和大陆架以及大陆坡上部，从潮间带至900m深处都有分布。是冷温性水域中最重要鲨类之一，经济价值高。雌成鱼全长0.70~1.0m，最大1.24m，雄成鱼稍小，通常不超过1.0m。卵胎生，每胎产10余仔。刚产仔鲨长0.22~0.33m。本种有洄游习性，寿命长，可活25-30龄，或更高龄，其背鳍棘有毒。

【分布】 分布于太平洋和北大西洋的温带和寒带各海区，我国产于黄海、东海。

【现状与保护】 世界自然保护联盟(**IUCN**)列为易危物种，《中国物种红色名录》列为濒危物种。

（105）日本锯鲨

Pristiophorus japonicus Günther, 1870

【汉语拼音】 rì běn jù shā
【英 文 名】 Japanese sawshark
【分类地位】 锯鲨目 Pristiophoriformes，锯鲨科 Pristiophoridae

【形态特征】 热体延长，头背及体宽扁，背面圆凸，腹面平坦，体后部稍侧扁，亚圆筒形。尾细长，**尾基上下方无凹洼，尾柄下侧具1皮褶。吻平扁，延长而呈剑状，边缘每侧具尖齿1纵行，**每2个大齿之间，有1~3个小齿。**吻腹面中间稍后近边缘处，具扁长皮须1对。**口浅弧形，下唇褶稍发达，上唇褶消失。齿头细尖，基底宽大，密列。鳃孔5个，**位于头部两侧**。背鳍2个，前方均无硬棘，两背鳍同形，第二背鳍稍小。尾鳍狭长，上叶较下叶发达。无臀鳍。腹鳍比第二背鳍小，近长方形。胸鳍宽大，后缘斜直。

体灰褐色，腹面白色，吻上具暗褐色纵纹2条。

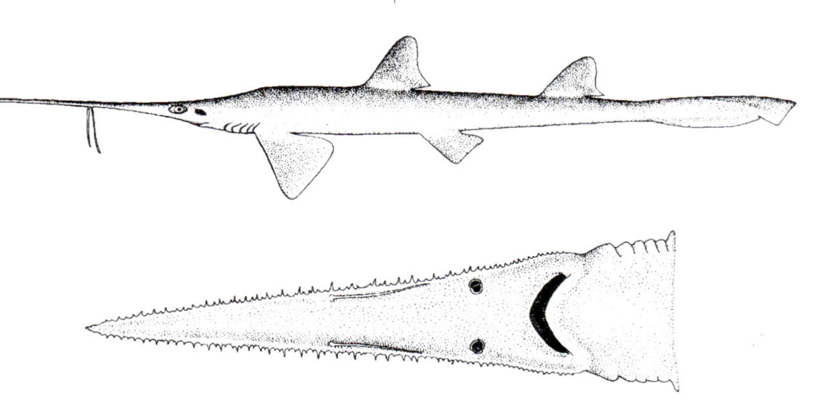

图105-1 日本锯鲨*Pristiophorus japonicus*（依中国动物志 软骨鱼纲）

【生物与生态学特性】 底栖性鲨类，生活在大陆架及沿岸。雌成鲨全长1.36m。卵胎生，每胎产约12仔。以小型底栖生物为食，常用长须及长吻感觉和掘食。

【分布】 国外分布于日本中南部，朝鲜西南部，我国产于黄海、东海。

【现状与保护】 《中国物种红色名录》列为濒危物种。

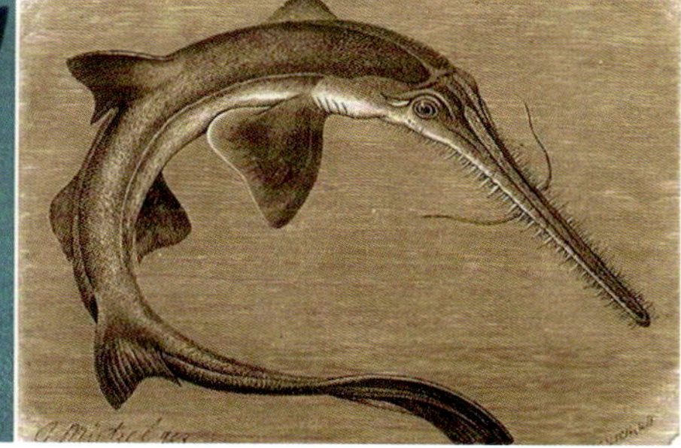

图105-2 日本锯鲨*Pristiophorus japonicus*（依 テル岡本、http://mek.oszk.hu/等）

(106) 尖齿锯鳐
Pristis cuspidatus Latham, 1794

【汉语拼音】 jiān chǐ jù yáo 【英文名】 Knifetooth sawfish, Sawfish
【别　　名】 钝锯鳐
【同物异名】 *Anoxypristis cuspidata*
【分类地位】 锯鳐目 Pristiformes，锯鳐科 Pristidae

【形态特征】 体延长而平扁，背面稍圆突，腹面平坦，前部宽，向后渐细，**自腹鳍后至尾鳍下叶前的体侧具1皮褶突起。吻平扁而延长，呈剑状突出，两侧具坚硬大锯齿21~26对**。眼上侧位，椭圆形。口宽，横裂，位于头部腹面，上唇褶细小，下唇褶也不发达。牙细小而多平扁光滑，铺石状排列，上下颌齿同型。鳃孔小，**斜列于头的后部腹面**。背鳍2个，前方均无硬棘。尾鳍上下叶都很发达。**无臀鳍**。胸鳍宽大。体光滑或具稀疏细鳞，鳍的前缘和上部具细小鳞片。

背面暗褐色，腹面白色。体背面肩上具1浅色横条。胸鳍和腹鳍前缘白色。

【生物与生态学特性】 暖水性底栖大型鳐类，常见全长4.7m左右，最大者可达9.0m，其中吻锯可达长2.0m，阔0.3m。卵胎生，每胎约产10余仔，初生仔鳐体长约0.6m。本种行动迟缓，常潜伏于泥沙中，用吻锯翻掘泥沙觅食无脊椎动物，有时冲进鱼群摇摆吻锯，击伤鱼类，食其受伤个体。也有报道可进入河口或淡水中。

【分布】 分布于红海、印度洋、印度尼西亚及日本南部，我国产于东海南部及南海。

【现状与保护】 世界自然保护联盟(IUCN)列为极危物种，《中国物种红色名录》列为易危物种，现为浙江省拟定保护动物。

图106-2　依有关网站

图106　尖齿锯鳐*Pristis cuspidatus*背腹面观
(依GICIM Database of the Muséum National d'Histoire Naturelle)

(107) 圆犁头鳐

Rhina ancylostoma Bloch *et* Schneider, 1801

【汉语拼音】 yuán lí tóu yáo
【英 文 名】 Angelfish, Bowmouth guitarfish
【别　　名】 犁头鳐、波口鲎头鲼(台湾)
【分类地位】 鳐目 Rajiformes，圆犁头鳐科 Rhinidae

【形态特征】 体平扁，吻宽短，**头部背视呈半圆形**。眼卵圆形，喷水孔大，椭圆形，位于眼后。鼻孔位于腹面口前。口中大，前部稍呈弧形，齿细小，**铺石状排列，齿面波曲，上下凹凸相承**。鳃孔5个，位于腹面。**体背在眼上方至头后、眼前方、肩区里外及体盘正中脊椎线上均有粗大结刺**。胸鳍中大，基底前延，前后缘均斜直。背鳍2个，同形，第一背鳍稍大，起点前于腹鳍起点。尾平扁，渐狭小，每侧具1皮褶。尾鳍短宽，略呈叉形。**无臀鳍。腹鳍很小。**

体褐色（大的为灰褐色），**体上、鳍上散有白色斑点。头和背上常具暗色横纹**。胸鳍基底上常有1~2行条纹。

【生物与生态学特性】 为暖水性近海底层大型鳐类，最大体长可达2.7m，重135kg。生活水深0~90m。行动缓慢，以底栖甲壳类和软体动物为食。卵胎生。

【分布】 分布于东非、印度尼西亚、大洋洲、菲律宾和日本等，我国主要分布东海、台湾沿岸海域和南海。

【现状与保护】 世界自然保护联盟(**IUCN**)列为易危物种。

a.

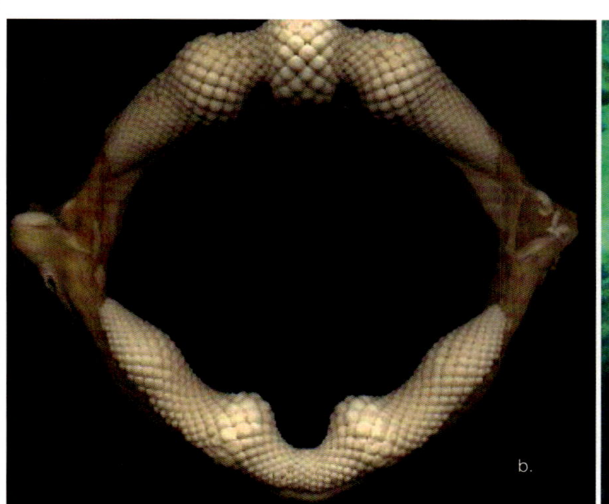
b.

c.

图107　圆犁头鳐*Rhina ancylostoma* a.背面观 b.颌齿 c.侧面观
(依http://www.siamensis.org/board/7931.html等)

(108) 台湾犁头鳐

Rhinobatos formosensis Norman, 1926

【汉语拼音】 tái wān lí tóu yáo
【英 文 名】 Taiwan guitarfish
【别　　名】 台湾琵琶鲼(台湾)
【分类地位】 鳐目 Rajiformes，犁头鳐科 Rhinobatidae

【形态特征】 体平扁，延长，头部呈三角形。吻长而钝尖，两侧缘斜直或稍凹，口前吻长比口宽大3.6~3.7倍。吻软骨侧突颇狭，**全部较宽地分离，仅在吻端处联合，前部几平行，后部稍分歧**。口近平横。喷水孔的外侧皮褶发达，里侧皮褶细小。鼻孔中大，斜位，**前鼻瓣转入鼻间隔区域，几伸达鼻孔里缘的垂直线。鼻孔至吻侧的水平距离比鼻孔长稍小**。背鳍2个，后位，同型。体被细小盾鳞，抚之光滑。背面正中线上以及眶上和喷水孔上方具细弱结刺。

体背褐色，吻软骨两侧透明，腹面及尾部侧褶白色。

【生物与生态学特性】 为亚热带底栖性中型鳐类，最大体长0.63m，栖息水层0~119m。卵胎生。其他习性不详。

【分布】 分布于西太平洋的台湾至菲律宾海域。

【现状与保护】 世界自然保护联盟(**IUCN**)列为易危物种。

图108-1　台湾犁头鳐*Rhinobatos formosensis*（依台湾鱼类资料库）

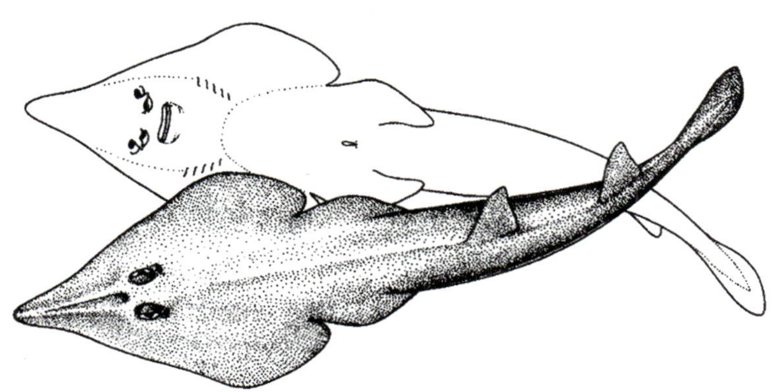

图108-2　台湾犁头鳐*Rhinobatos formosensis*（依中国动物志　软骨鱼纲）

(109) 颗粒犁头鳐

Rhinobatos granulatus Cuvier, 1829

【汉语拼音】 kē lì lí tóu yáo 【英文名】 Sand shark, Sharpnose guitarfish
【别　　名】 颗粒琵琶鲼(台湾)
【同物异名】 *Glaucostegus granulatus*
【分类地位】 鳐目 Rajiformes，犁头鳐科 Rhinobatidae

【形态特征】 体平扁，延长，头部呈等边三角形。吻长而钝尖，**为口宽的3倍左右**。吻软骨细狭，仅后部1/4分歧，前部联合，近吻端处又分为2短枝。眼椭圆形。喷水孔卵圆形。鼻孔里侧位，几横列，前鼻瓣具1扁须状突出，**不转入于鼻间隔区域**，后鼻瓣内侧具1袜状突出，转入于鼻腔内。口横列，上颌1腭膜。**齿细小而多，铺石状排列**。鳃孔5个。背面和鳍上密具粒状鳞片，背面正中脊椎线上具一纵行粗大结刺，吻软骨两侧、眼前和眼上以及肩区均具1行或若干小结刺。背鳍2个，几同大同形，尾平扁，下侧皮褶很发达，尾鳍颇狭长，无臀鳍。

背面赤褐或紫褐色，吻侧淡赤色，腹面淡白色。

【生物与生态学特性】 近岸底栖性大型鳐类，最大体长可达2.8m，平时半埋泥沙中，行动缓慢，以底栖甲壳类、贝类及小型鱼类为食。卵胎生，子宫内壁具一系列纵行褶皱。

【分布】 分布于印度洋，印度尼西亚，日本南部及韩国西南海区，我国产于东海南部和台湾海域、南海。

【现状与保护】 世界自然保护联盟**(IUCN)**列为易危物种。

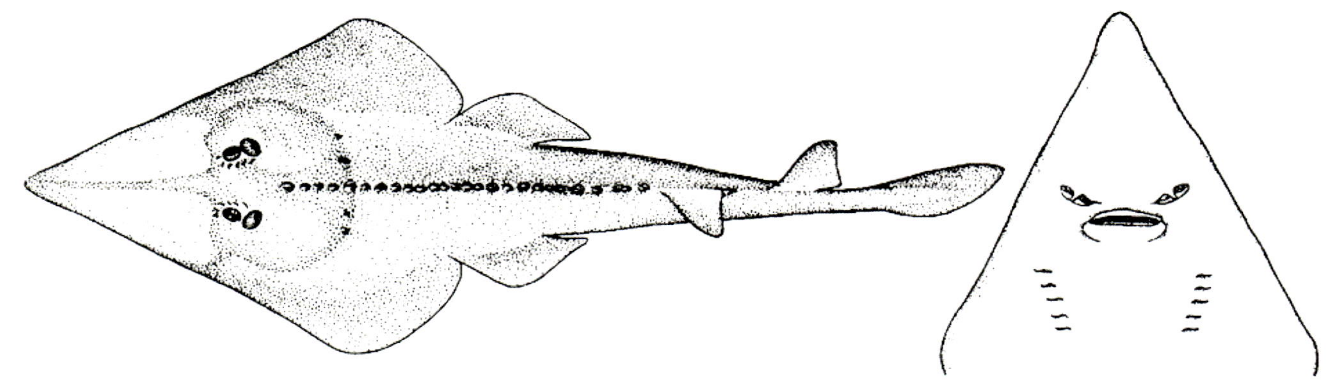

图109-1 颗粒犁头鳐*Rhinobatos granulatus* (依中国动物志 软骨鱼纲)

(110) 褐黄扁魟

Urolophus aurantiacus Müller *et* Henle, 1841

【汉语拼音】 hè huáng biǎn gōng
【英 文 名】 Sepia stingray
【别　　名】 黄扁魟
【分类地位】 鲼形目 Myliobatiformes，扁魟科 Urolophidae

【形态特征】 **体盘菱形，前缘微凹，与吻端成65° 角。**前角广圆，后角圆钝。吻端呈窄三角形，吻长略小于体盘长的1/4。眼大，突起。鼻孔小，前鼻瓣连合为口盖，几伸达上颌，后缘微裂，中部微凹。口小，**波曲状，口前吻长为口宽的2.1~2.2倍。**腭膜凹入，后缘流苏状，口底具3个乳突。齿细小，具三角形齿尖，两颌齿28~30行。鳃孔5个。皮肤光滑。**无背鳍和臀鳍。尾部粗短，具尾刺。**尾鳍发达，长椭圆形。胸鳍广圆。腹鳍近长方形，宽而钝。鳍脚平扁粗壮。

体背纯褐色，腹面白色。

【生物与生态学特性】 沿岸浅水底栖小型魟类，常见个体长为0.40m。卵胎生，每胎产4仔，早期胎儿具外鳃，由此吸取营养液。

【分布】 分布于日本，朝鲜，我国产于东海、台湾沿岸海域。

【现状与保护】 世界自然保护联盟(**IUCN**)列为濒危物种。

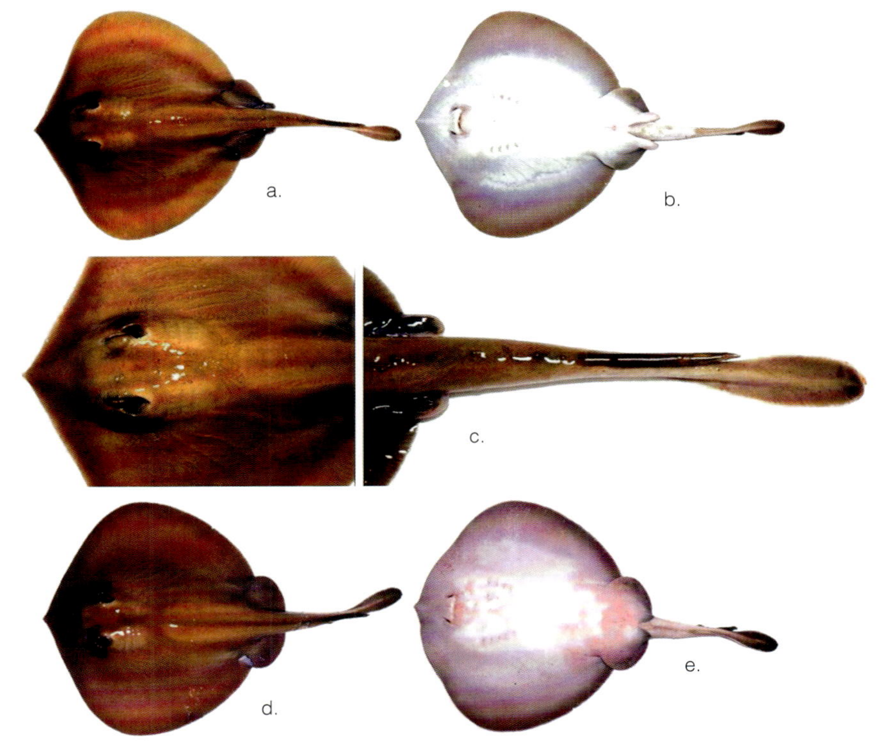

图110 褐黄扁魟 *Urolophus aurantiacus* a.~b.雄性背腹面 c.雄性背腹面放大 d.~e.雌性背腹面（依小西英人）

(111) 达氏巨尾魟
Urotrygon daviesis Wallace, 1967

【汉语拼音】 dá shì jù wěi gōng 【英文名】 Deepwater stingray
【别 名】 达氏深水尾魟、斑纹扁魟
【同物异名】 *Plesiobatis daviesi, Urolophus marmoratus*
【分类地位】 鲼形目 Myliobatiformes，扁魟科 Urolophidae

【形态特征】 **体盘亚圆至斜方形**，前缘斜突，**与吻端成52°角**。吻较尖突。眼中大，稍突起。口小，浅弧形，近平横，腭膜发达，后缘细裂，圆形凹入，**口底无乳突**。齿细小，菱形，近后缘具1横形嵴突，**铺石状排列**。喷水孔近三角形，位于眼后。鳃孔5个。**尾较长**，但稍短于体盘长，**尾鳍发达，具尾刺1~2枚**。体被细刺状盾鳞。

背面灰褐色，具黑斑，眼后外侧有近圆形或纵行黑色斑块2~3个，喷水孔中央后方有1近圆形黑斑。尾及尾鳍黑色。

【生物与生态学特性】 为大陆架深海底层大型鱼类，最大体长可达2.7m，栖息水层为44~680m，以小型鱼类、头足类、甲壳类及多毛类为食。

【分布】 分布于印度-太平洋一带及南非沿岸，我国产于东海和南海。

【现状与保护】 世界自然保护联盟(IUCN)列为濒危物种。

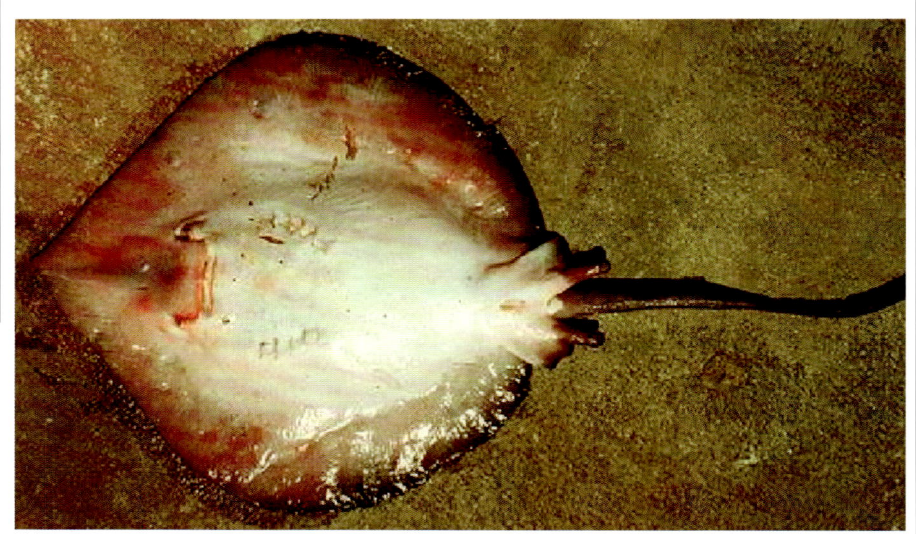
图111-2 达氏巨尾魟*Urotrygon daviesis* (依Randall, John E.)

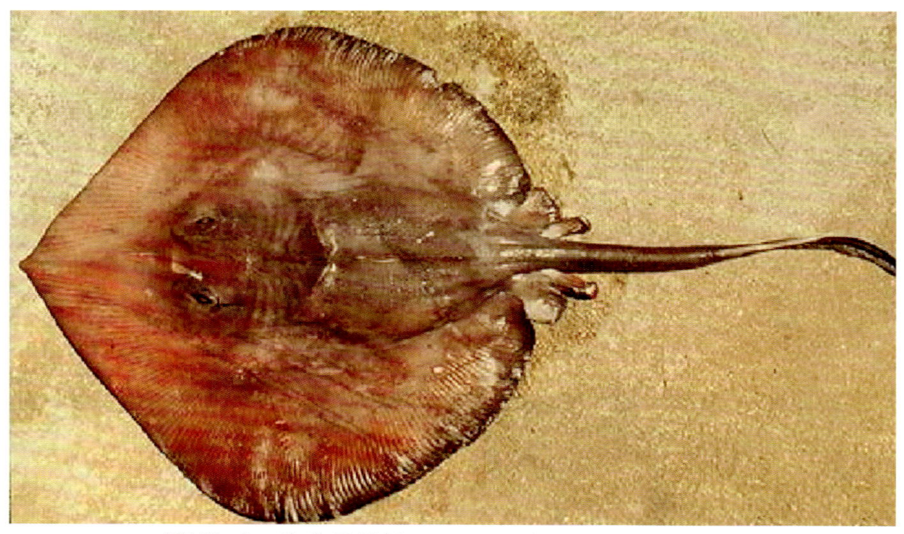
图111-1 达氏巨尾魟*Urotrygon daviesis* (Randall, John E.)

(112) 尖嘴魟

Dasyatis zugei (Müller *et* Henle, 1841)

【汉语拼音】 jiān zuǐ gōng
【英 文 名】 Pale-edged stingray
【别　　名】 尖嘴土魟
【分类地位】 鲼形目 Myliobatiformes，魟科 Dasytidae

【形态特征】 **体盘亚圆形带斜方形**，前缘略凹入，**与吻端呈30°~40°**，前角与后角都广圆。体盘宽略大于比体盘长。吻长而尖，显著突出。眼颇小，微突起，与喷水孔几同大。口小，波曲状，**口底无显著乳突**。齿细小，密列，上颌52~54纵行，**雄性齿尖利，雌体平扁**。鳃孔5个，位于腹面。无背鳍。腹鳍狭长。尾细长，尾鳍上下叶退化，**具尾刺1~2枚**。

幼体背部光滑，稍大者背面正中具几个平扁结鳞，长大者脊椎线上具鳞**1**纵行。背面赤褐色或灰褐色，边区较淡，腹面白色，边缘灰褐色。

【生物与生态学特性】 为热带底栖性小型魟类，最大体盘宽0.29m。以底栖生物为食，卵胎生。

【分布】 分布于印度-太平洋一带，我国沿岸都有分布。

【现状与保护】 世界自然保护联盟**(IUCN)**列为濒危物种。

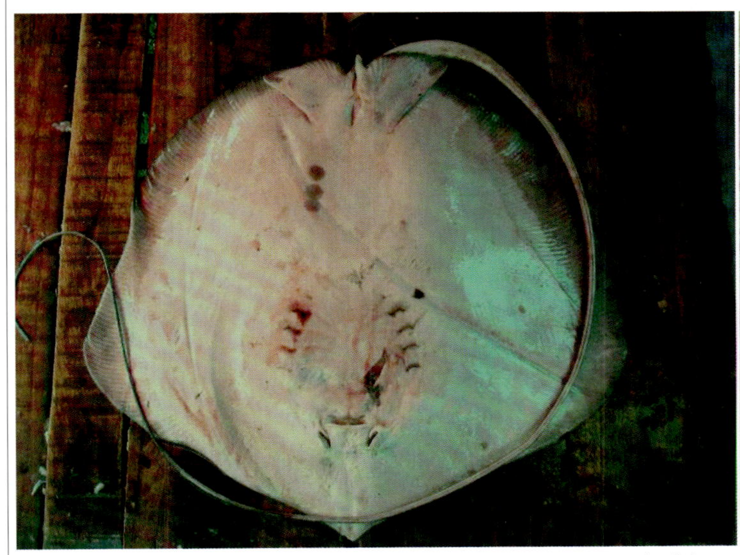

图112　尖嘴魟*Dasyatis zugei* (依Fishbase.org)

(113) 黑斑条尾魟

Taeniura melanospilos Bleeker, 1873

【汉语拼音】 hēi bān tiáo wěi gōng 【英文名】 Blotched fantail ray
【别　　名】 梅英条尾魟
【同物异名】 *Taeniura meyeni*
【分类地位】 鲼形目 Myliobatiformes，魟科 Dasytidae

【形态特征】 **体盘近圆形，**宽大于长，前缘广圆，**与吻端成80°，**吻端微突。眼颇大，稍突出。鼻孔宽大，前鼻瓣连合为一口盖，后缘微凹，细裂，伸达口前，后鼻瓣不分化。口小，平横，腭膜宽短，后缘平直，边缘细裂，**口底具细弱乳突3~5个。上下唇密具细小乳头状突起。齿细小而尖，铺石状排列，上颌齿带暴露于口外。**鳃孔小。尾长大于体盘，背面正中具1尾刺，刺边缘具小锯齿，侧褶明显，自尾刺下方开始至尾端具1低平皮膜，无鳍条。背鳍消失。

幼体光滑，成体头后脊椎线上具粒状鳞片1纵行，尾和胸鳍外侧粗糙。背面暗褐色，具许多不规则暗褐色圆斑，尾和皮膜黑色。

【生物与生态学特性】 为热带底栖性大型魟类，最大体长可达3.3m，重150kg。生活水深为500m以内，以底栖鱼类、双壳类及甲壳类为食，卵胎生。

【分布】 分布于红海、东非、日本南部、密克罗尼西亚、澳大利亚等，我国产于台湾西南沿海及南海。

【现状与保护】 世界自然保护联盟(**IUCN**)列为易危物种。

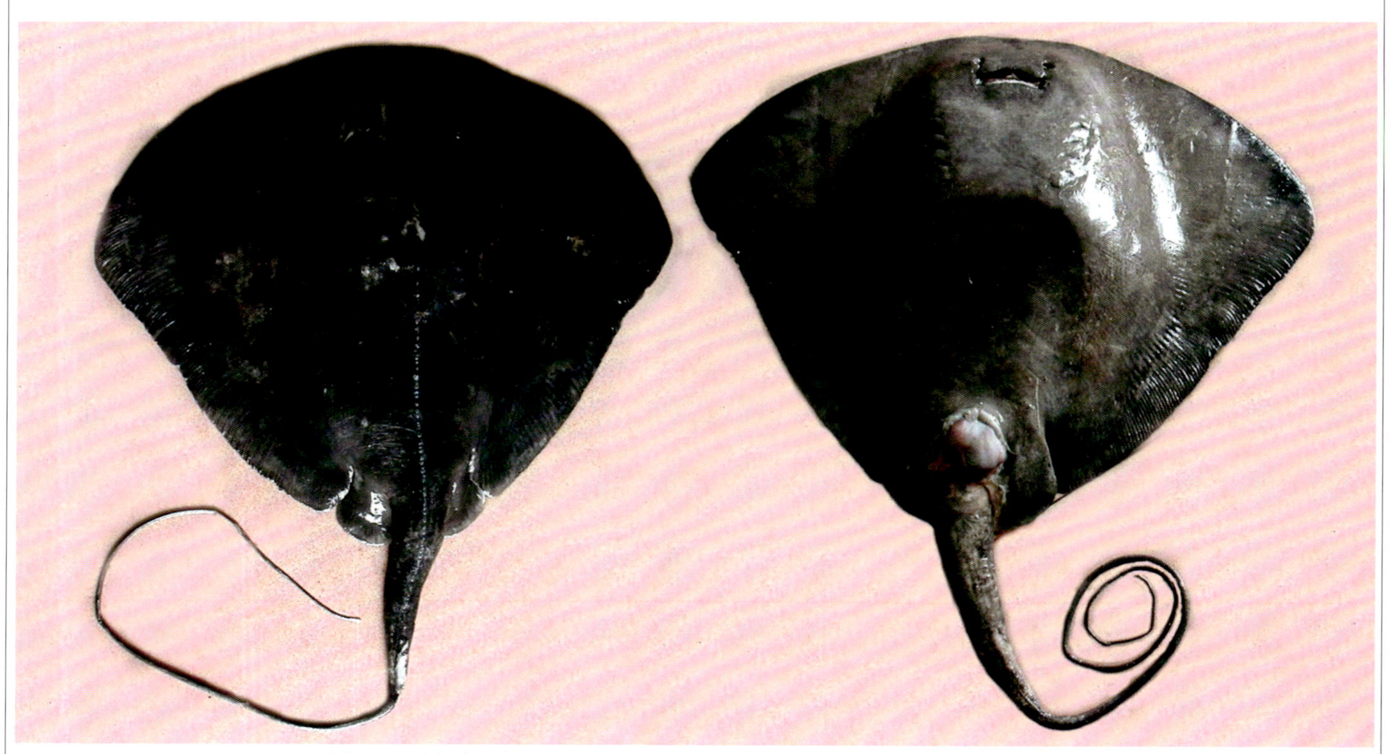

图113　黑斑条尾魟*Taeniura melanospilos*背腹面观 (2005年采于舟山尾刺已去掉)

(114) 条尾鸢魟

Aetoplatea zonura Bleeker, 1852

【汉语拼音】 tiáo wěi yuān gōng
【英 文 名】 Zonetail butterfly ray
【别　　名】 菱鸢魟(台湾)
【分类地位】 鲼形目 Myliobatiformes，燕魟科 Gymnuridae

【形态特征】 **体盘宽为体盘长的2倍余，**斜长方形，前缘微波曲，**与吻端呈70°角，**后缘广圆，前角钝尖，后角钝圆。**吻短，吻端颇尖。眼低平或微突，**较喷水孔为小，或相等（幼体）。鼻孔宽大，几横裂，大部分为鼻瓣所盖，仅露出一个入水孔。**口宽而平，上颌微呈弧形，下颌中部浅凹，**两侧横斜，**内侧常各具1个粒状突起**（幼体和雌体不明显），腭膜发达，后缘平直，稍细裂。**口底无乳突，齿细小，密列，**上颌70~80纵行。鳃孔5个。腹鳍长方形。尾细而短，**具细弱1~2个尾刺，尾刺前具1低小背鳍，上下皮褶几消失。**

体光滑。背面褐色，密布暗、白色圆斑，**尾具暗色横纹8~10条。**

【生物与生态学特性】 暖水性近海底栖中小型鱼类，常见体盘宽约0.5m左右，记载最大宽1.06m。生活水深约28~37m。卵胎生。

【分布】 分布于印度-西太平洋一带，我国产于台湾沿岸海域和南海。

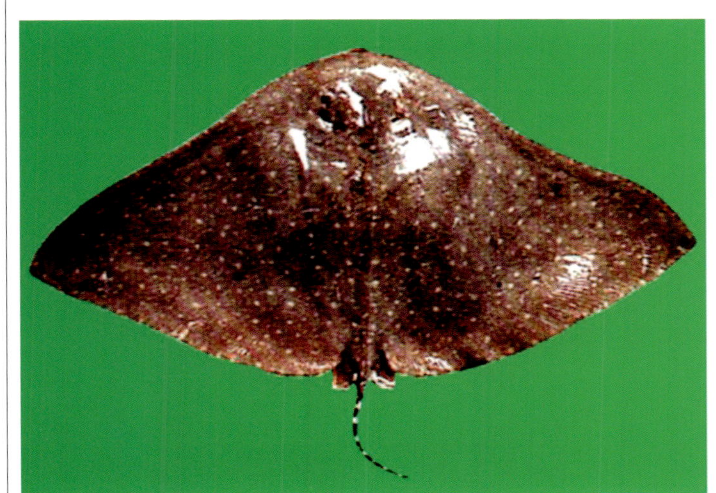

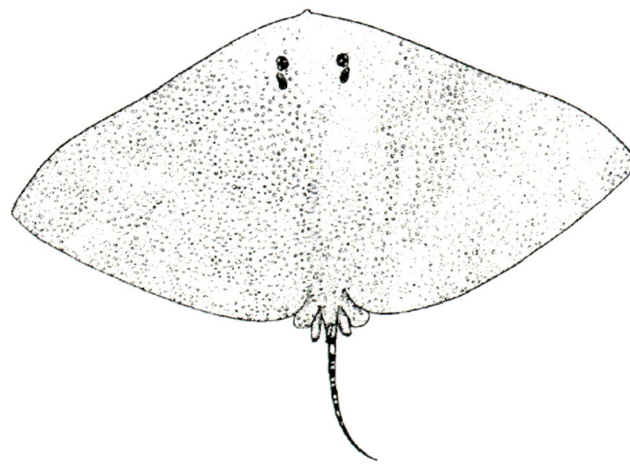

图114　条尾鸢魟*Aetoplatea zonura*（依台湾鱼类资料库、中国动物志　软骨鱼纲）

【现状与保护】 世界自然保护联盟(IUCN)列为易危物种。

(115) 花点无刺鲼

Aetomylaeus maculatus (Gray, 1832)

【汉语拼音】 huā diǎn wú cì fèn
【英 文 名】 Mottled eagle ray
【别　　名】 星点圆吻燕魟（台湾）
【分类地位】 鲼形目 Myliobatiformes，鲼科 Myliobatidae

【形态特征】 体盘棱形，宽为长近1.9倍，吻短而尖钝，突出于腹面。眼上侧位，大小约为喷水孔的1/2。鼻孔平横，喷水孔狭长，前鼻瓣宽大，呈一长方形口盖，几伸达下颌。口平横，腭膜圆襟形，后缘细裂，口底在咽头前方具乳突5个。上下颌牙各7纵行，正中齿长方形，侧齿则为六角形。上颌齿面圆凸，下颌齿面颇平坦。鳃孔狭小。背鳍1个，小三角形。尾很细长，约为体长的4.5倍。**无尾刺，**上下皮褶都退化。

尾前部两侧有横行线纹，呈竹节状，两侧不对称。**头部前囟和眼后喷水孔上方密具细小星形、中央具小刺的鳞片。背面正中背板隆起区具平扁小型结刺1纵群。体背面褐色，具圆形黑缘白色斑点，**在胸鳍上方的似排列成横纹状，有时白斑中间还具1暗色斑点。

【生物与生态学特性】 热带表层大型鲼类，常见个体的体盘宽0.72~1.17m，有记录最大可达2.0m，活动水层在0~18m间，卵胎生。

【分布】 分布于印度洋，印度尼西亚、新加坡等海域，我国主要分布于台湾海域和南海。

【现状与保护】 世界自然保护联盟**(IUCN)**列为濒危物种。

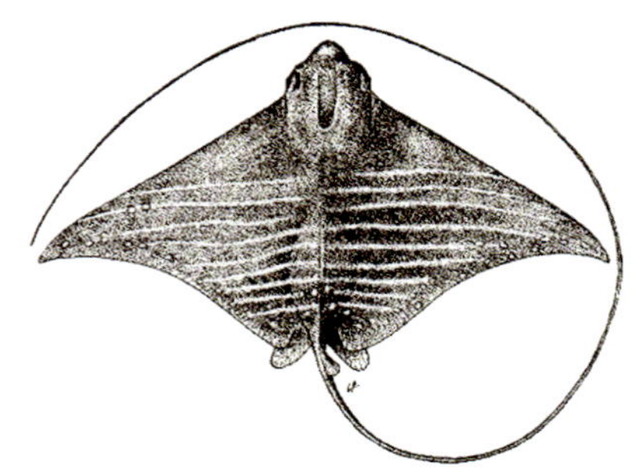

图115 花点无刺鲼*Aetomylaeus maculates*（依Rezvani, S.Gilkolaei, FAO）

(116) 聂氏无刺鲼

Aetomylaeus nichofii (Bloch *et* Schneider, 1801)

【汉语拼音】 niè shì wú cì fèn
【英 文 名】 Banded eagle ray
【别　　名】 青带圆吻燕魟(台湾)
【分类地位】 鲼形目 Myliobatiformes，鲼科 Myliobatidae

【形态特征】 体盘棱形，宽约为长的2倍。前缘微凸，后缘凹入。吻颇短，前缘钝尖。眼中大，侧位。口平横，口底具乳突5个。上下颌齿各具齿7纵行，正中齿宽为长的4~5倍，侧行齿小而斜方形。鳃孔狭长，位于腹面。**背鳍1个，**小三角形，**起点对着腹鳍基底终点。**尾细长，约为体长的3倍。**无尾刺和尾褶。**

体背面完全光滑，背面褐色，具深蓝色波状横纹5~6条，腹面白色或散有蓝色云状斑块，边缘灰褐色，尾具不很明显褐色横纹。

【生物与生态学特性】 热带底栖性中小型鲼类，最大体盘宽0.65m，生活水深70m以内，以底栖鱼类及甲壳类等无脊椎动物为食，卵胎生，每产4仔，初生幼鲼体长170mm。

【分布】 本种广泛分布于印度–西太平洋，我国产于东海、台湾海峡和南海。

【现状与保护】 世界自然保护联盟(**IUCN**)列为易危物种。

图116–1　聂氏无刺鲼*Aetomylaeus nichofii*（依Sainsbury, Keith, Rezvani, S. Gilkolaei）

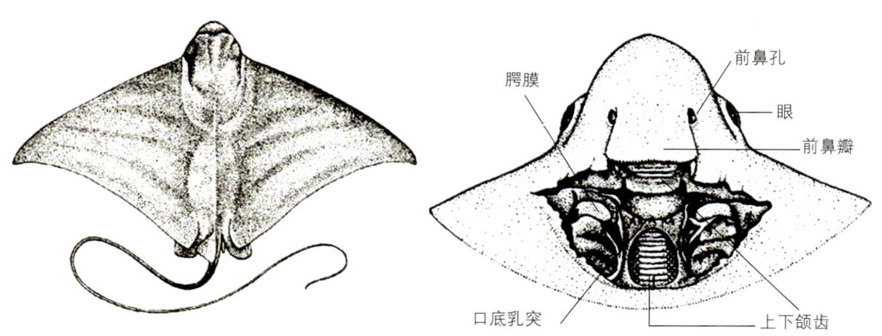

图116–2　聂氏无刺鲼*Aetomylaeus nichofii*（依中国动物志　软骨鱼纲）

(117) 蝠状无刺鲼
Aetomylaeus vespertilio (Bleeker, 1852)

【汉语拼音】 fú zhuàng wú cì fèn
【英 文 名】 Ornate eagle ray, Vespertine eagle ray
【别 名】 网纹鸭嘴燕魟(台湾)
【分类地位】 鲼形目 Myliobatiformes，鲼科 Myliobatidae

【形态特征】 体盘棱形，宽约为长的2倍，前缘微凸，后缘凹入。吻短宽而钝尖，突出于腹面头前。眼很小，其后有略大的喷水孔。鼻孔平横，只露出1个狭小的入水孔，前鼻瓣宽大，形成上颌“口盖”。口小而平横，腭膜圆襟状，后缘细裂，**口底在咽头前方有乳突6个，**上下颌齿各具齿7纵行，上颌齿面圆凸，下颌齿面平面微凹。鳃孔5个。背鳍1个，小三角形，尾很细长，**无尾刺和尾褶。尾的前部两侧皮上有横行线纹，呈竹节状，几伸达尾端。体光滑。**

背面黄褐色，**前部具黄色蓝边横纹，后部为网状，**横纹和网状之间还杂有圆形或六角形白斑和黄色细线条。**尾部在背鳍后方具褐色横纹6~7条，**尾后部近纯蓝色。腹面白色。

a

b

图117-1 蝠状无刺鲼*Aetomylaeus vespertilio* a.背面观 b.腹面观
(依中国动物志 软骨鱼纲)

【生物与生态学特性】 热带近岸底栖性大型鲼类，最大个体的体盘宽可达1.6m，生活在水深110m以内，卵胎生，其他习性不详。

【分布】 国外分布于雅加达、槟榔屿以及泰国，我国产于台湾海峡西南以及南海。

【现状与保护】 世界自然保护联盟(IUCN)列为濒危物种，《中国红色物种名录》中列为易危物种。

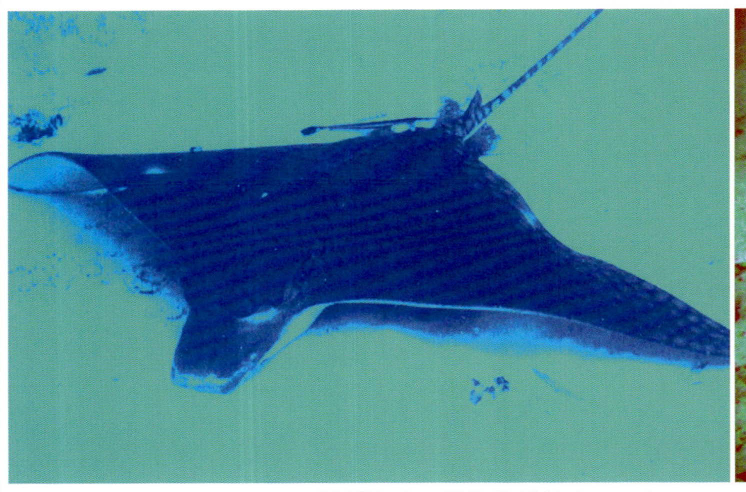

图117-2 蝠状无刺鲼*Aetomylaeus vespertilio*生活图 (依H. Nagano, Fishbase)

(118) 无斑鹞鲼

Aetobatus flagellum (Bloch *et* Schneider, 1801)

【汉语拼音】 wú bān yào fèn
【英 文 名】 Longheaded eagle ray, Whiptail bat ray
【分类地位】 鲼形目 Myliobatiformes，鹞鲼科 Aetobatidae

【形态特征】 体盘菱形，体盘宽小于体盘长的2倍。**胸鳍前部分化为吻鳍，**位于头前中部的吻端下方，成一单叶。吻鳍与胸鳍在头侧分离。**吻较长而狭尖。**眼圆形，稍突出。喷水孔背位，位于眼后。鼻孔平横，前鼻瓣形成“口盖”。口平横，腭膜圆襟形，**口前部具显著乳突一大群，分作3横行，口底乳突1行，细小而多，且不规则，**约15~16个。齿平扁，宽大，**上下颌齿各1纵行。**鳃孔狭小。腹鳍狭长，鳍脚粗大，扁管状。背鳍1个，小型。**尾细长如鞭，为体长的3.5~4倍余，尾刺1~2枚，无侧褶，上下皮褶都退化。**

体光滑，背面暗褐色或赤褐色，**无白色或蓝色斑点。**腹面白色，边缘灰褐色，尾隐具暗色和浅色条纹。

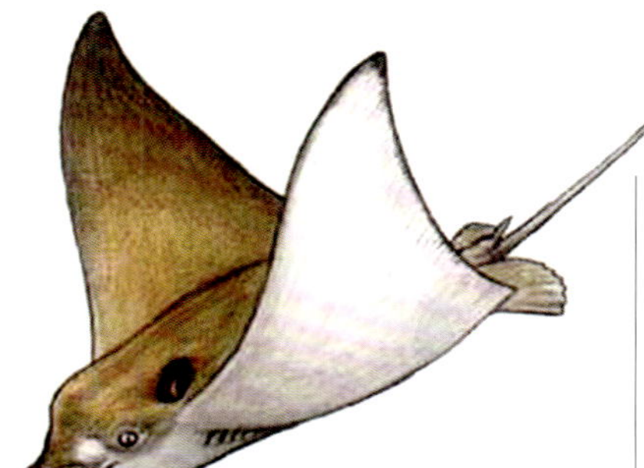

【生物与生态学特性】 沿岸底栖性中型鲼类，有时可进入半咸水。最大体盘宽0.72m，重13.9 kg。卵胎生。尾刺有毒。

【分 布】 分布于红海、印度洋以及太平洋西部的热带和温带各海区，我国产于东海、台湾海峡和南海。

【现状与保护】 世界自然保护联盟(**IUCN**)列为濒危物种。

图118-1 无斑鹞鲼*Aetobatus flagellum*背腹面观（依亩太郎、Khan, Mohammed Moazzam）

图118-2 无斑鹞鲼*Aetobatus flagellum*头部及腹部背面观（依亩太郎）

(123) 无刺蝠鲼

Mobula mobular (Bonnaterre, 1788)

【汉语拼音】 wú chì fú fèn
【英 文 名】 Devil ray
【别　　名】 姬蝠魟(台湾)
【分类地位】 鲼形目 Myliobatiformes，蝠鲼科 Mobulidae

【形态特征】 **体盘长菱形，宽为长的2.4倍，**前缘圆凸，后缘凹入。**头颅宽大，前缘扁薄平切。胸鳍前部分化为头鳍，位于头的两侧，**前端钝尖，**作角状突出于眼前，能自由摇动，并能从下向外转卷，呈“S”形。**眼侧位，**口下位，**平宽，**上下颌各具细齿1横带，**上齿带约100纵行，下齿带约125纵行，铺石状排列。鳃孔宽大，位于腹面。腹鳍小而狭长，鳍脚扁管状，后端钝圆。背鳍1个。**尾细而短，无尾刺，**无侧褶，背面粗糙。

背面、头鳍里侧黑褐色，外侧白色。

【生物与生态学特性】 为暖温性中上层大型鱼类，最大体宽可达5.2m。常跃出水面，发出巨响。主食浮游甲壳类，也食小型成群鱼类。具发达鳃耙，起滤食作用，头鳍可纳食入口。卵胎生，每胎产1仔，子宫内壁有绒毛状突起，供胎儿后期发育营养物质。

【分布】 分布于红海、阿拉伯、印度尼西亚、菲律宾、澳大利亚，我国产于东海和台湾及南海。

【现状与保护】 世界自然保护联盟**(IUCN)**列为濒危物种。

图123－1 无刺蝠鲼*Mobula mobular*
(依Minguell, Carlos, Khalaf, Maroof A.)

图123-2 无刺蝠鲼头鳍*Mobula mobular* (依www.maestropescador.com/Fichas.peces/manta/)

(124) 后鳍尖吻银鲛

Harriotta opisthoptera Deng, Xiong *et* Zhen, 1983

【汉语拼音】 hòu qí jiān wěn yín jiāo
【英 文 名】 Narrownose chimaera
【同物异名】 *Harriotta raleighana*
【分类地位】 银鲛目 Chimaeriformes，吻银鲛科 Rhinochimaeridae

【形态特征】 吻尖长，体较高而侧扁，向后渐细小。**雄性头上眼前方具1弯柄状额鳍脚，**前面具1群小刺。吻背腹平扁呈狭三角形，雌鱼两侧光滑，雄鱼具圆形硬节瘤。眼上侧位，鼻孔位于口前，具鼻口沟。口下位，**舌两侧具许多小型乳头。上下颌前齿板各1对，上齿板喙状，下齿板宽大，边缘具3个波曲深凹切面。外鳃孔1个。**背鳍2个，以一低膜相连。**第一背鳍前方具1长而尖直的硬棘，硬棘边缘具小锯齿。无臀鳍，尾鳍细长，后端延长成丝状。**雄鱼鳍脚呈细棒状，尖端具指向基部的尖棘。胸鳍宽大而长，具厚的肌肉基柄。侧线微曲。

体棕褐色或灰白色。头部腹面、腹部和各鳍边缘均呈暗褐色。

【生物与生态学特性】 为深海种类，极少见，体长通常在1.2m以下，生活水深在200~2 600m之间，以底栖软体动物及甲壳类为食，其他习性不详。

【分布】 分布于大西洋东部、西部，太平洋的西部和南部，我国产于东海外海。

【现状与保护】 世界自然保护联盟(IUCN)及《中国物种红色名录》中均列为濒危物种。

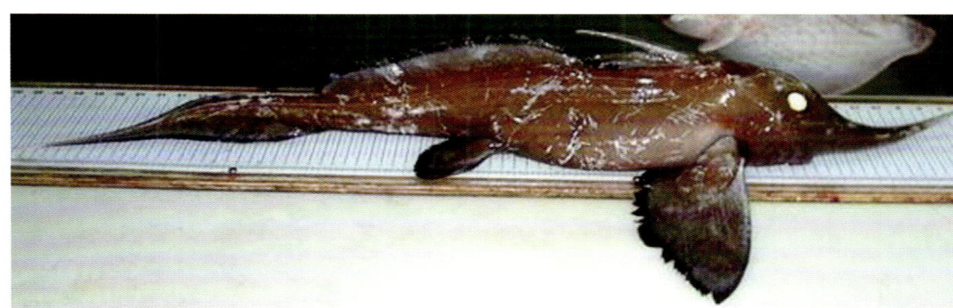

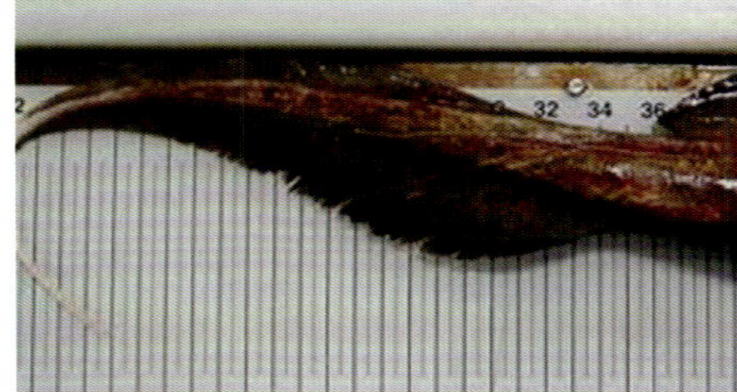

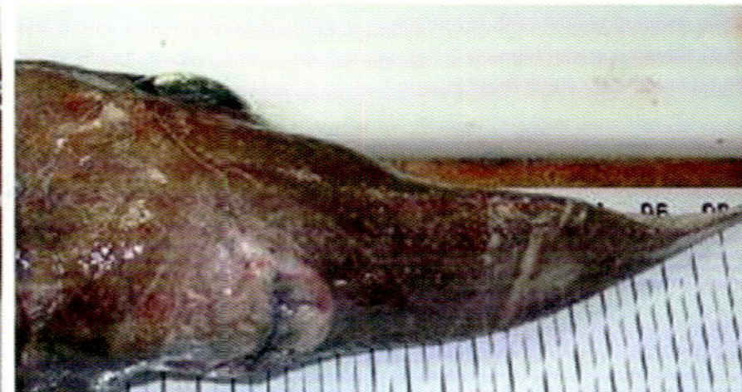

图124-1 后鳍尖吻银鲛*Harriotta opisthoptera*外形（依Garazo Fabregat, Alberto）

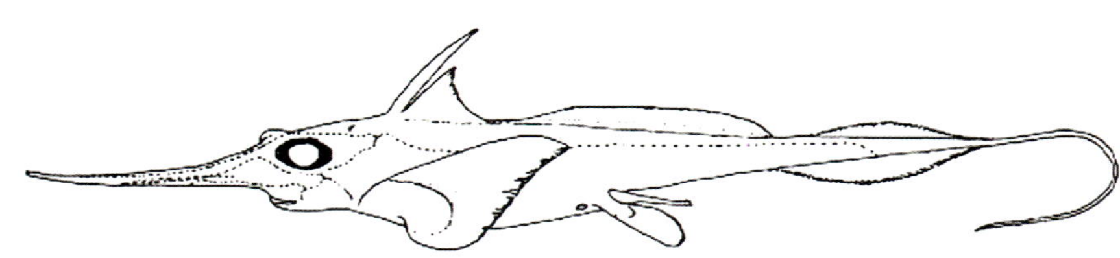

图124-2 后鳍尖吻银鲛*Harriotta opisthoptera*模式图（依FAO）

(133) 日本海马

Hippocampus japonicus Kaup,1853

【汉语拼音】 rì běn hǎi mǎ
【英 文 名】 Japanese seahorse
【同物异名】 *Hippocampus mohnikei*
【分类地位】 刺鱼目 Gasterosteiformes，海龙科 Syngnathidae

【形态特征】 体长形，头呈马头状，腹部凸出，尾部细长，尾端卷曲。无鳞片，全体被环状骨片，体环数11+37~39。躯干部七棱形，尾部四棱形。头冠矮小，上有不突出的钝棘。吻长短于眼后头长。**无鼻棘**。眼中大，侧位而高，眼间隔微凹。口近呈水平，口张开时略呈半圆形，无齿。鳃盖凸出，**光滑，不具放射状纹**。颈部头侧及眶上各棘均发达。头部小刺及体环上棱棘发达。躯干部第1,4,7,11；尾部第5,9,10,12体环上棱特别发达，但明显短于眼径。体环以背侧棱棘为最发达，其次为腹侧，其他则短钝或不显明。腹部明显突出，不具棱。背鳍较发达，具16~17鳍条，位于躯干最后三环及尾部第一环的背方。臀鳍较小，4鳍条。胸鳍呈扇形，12~13鳍条。无腹鳍及尾鳍。

体暗褐色，头上吻部及体侧具横带。

【生物与生态学特性】 为暖温性沿岸小型鱼类，常见个体长在100mm以下，作直立游泳，能用尾卷曲握附海草上，其他习性不详。

【分布】 分布于印度-太平洋海域，西起越南，东至日本南部，我国沿海均有分布。

【现状与保护】 列入《濒危野生动植物种国际贸易公约》(CITES)附录Ⅱ，《中国物种红色名录》列为易危物种，本种也是福建省重点保护野生动物。

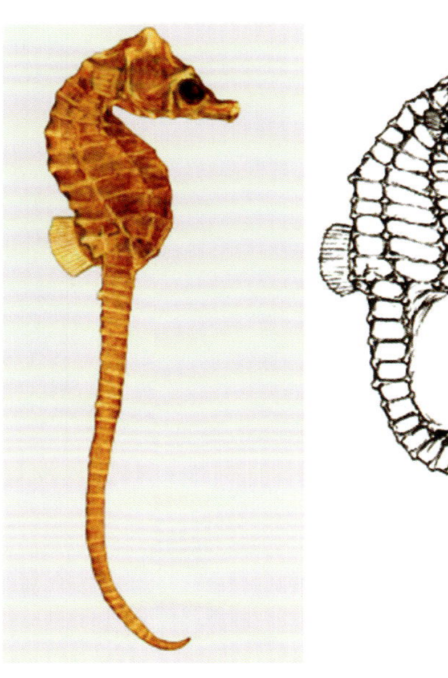

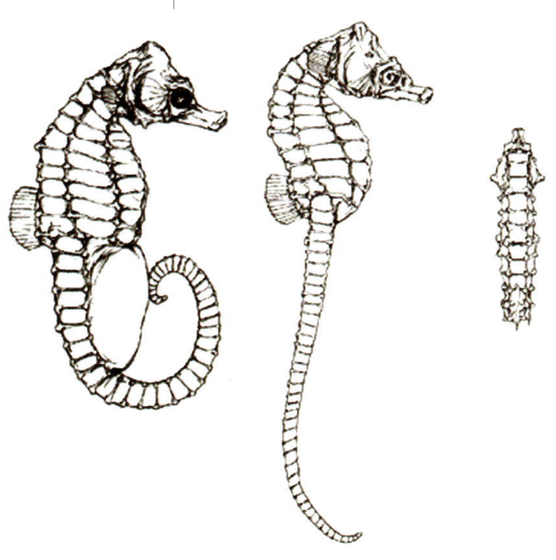

图133-1 日本海马*Hippocampus japonicus* a.雄性 b.雌性 c.背面观 (依Lourie, Sara A)

图133-2 日本海马*Hippocampus japonicus*
(依Teresa Zubi等)

(134) 三斑海马

Hippocampus trimaculatus Leach, 1814

【汉语拼音】 sān bān hǎi mǎ
【英 文 名】 Longnose seahorse, Three-spot seahorse
【分类地位】 刺鱼目 Gasterosteiformes，海龙科 Syngnathidae

【形态特征】 体长形，头呈马头状，腹部凸出，尾部细长，尾端卷曲。无鳞片，全体被环状骨片，体环数11+40~41。躯干部七棱形，腹下棱较锐，尾部四棱形。头冠短小，顶端具5个短小棘状突。吻长稍大于眼后头长。眼小而圆，侧位较高。眼间隔微凹，眶上棘较发达，细尖向后方弯曲。口近呈水平，口张开时略呈半圆形，无齿。眼盖凸出，**光滑，不具放射状纹**。除头部2眶上棘及2颊下棘尖锐较发达外，头上其他各棘及体上骨环间棘均短钝，略呈突起状。颈部背方具1隆起嵴，颊部下方亦具1细尖弯曲的颊下棘。背鳍位于躯干最后2骨环及尾部最前2骨环背方，20~21鳍条。臀鳍短小，4鳍条，位于肛门后方。胸鳍短宽，17~18鳍条，略呈扇形，侧位。无腹鳍及尾鳍，各鳍无棘。

体色多样，包括金橘色、土黄色、深褐色或全黑色等，**在第1、第4及第7体环的背侧通常各具1黑斑，但偶也消失**，有些个体体侧具褐、白色相间的斑马纹。

图134-1 三斑海马*Hippocampus*
(依台湾鱼类资料库)

【生物与生态学特性】 为暖温性沿岸小型鱼类，常见体长在170~230mm，主要栖息于具海藻床的礁石区，栖息深度可达100m，以小型浮游动物为食。不具食用价值，但可药用。

【分布】 分布于印度-太平洋海域，西起印度，东至夏威夷群岛，北至日本，南至澳大利亚等附近海域。我国产于东海及台湾沿海。

【现状与保护】 列入《濒危野生动植物种国际贸易公约》(CITES)附录Ⅱ，世界自然保护联盟(IUCN)列为易危物种，《中国物种红色名录》列为濒危物种，本种也是福建省重点保护野生动物。

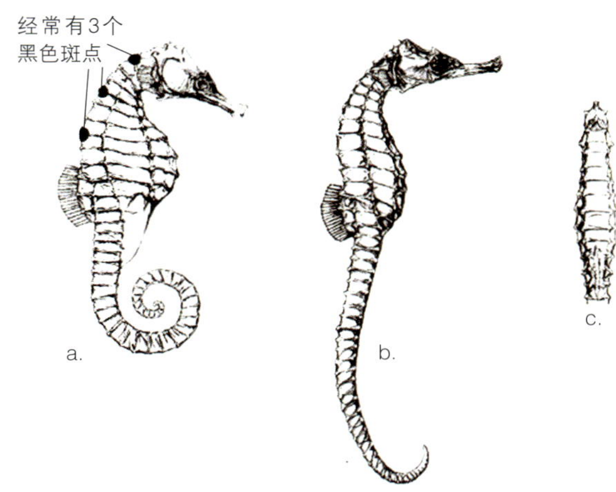

图134-2 三斑海马*Hippocampus trimaculatus* a.雄性 b.雌性 c.背面观 (依Lourie Sara A)

(135) 大海马

Hippocampus kelloggi Jordan *et* Snyder, 1901

【汉语拼音】 dà hǎi mǎ
【英 文 名】 Kellogg's sea horse, Great seahorse
【别　　名】 克氏海马
【分类地位】 刺鱼目 Gasterosteiformes，海龙科 Syngnathidae

【形态特征】 体长形，头呈马头状，腹部凸出，尾部细长，尾端卷曲。无鳞片，全体被环状骨片，体环数11+39~41。躯干部七棱形，腹下棱较锐，尾部四棱形。头冠低小，尖端具5个短小棘，略向后方弯曲。眶上、头侧及颊下各棘均较粗，亦稍向后方弯曲。吻较粗长，吻长稍大于眼后头长。眼较大，侧位而高，眼间隔平坦或微隆起。口近呈水平，口张开时略呈半圆形，无齿。鳃盖凸出，但无放射状嵴纹。颈部背方中央嵴纹较锐，具2突起状棘，具颊下棘，于胸鳍基部下前方亦有短钝粗强的棘。除头及腹侧棱棘较发达外，**体上各棱棘均短钝，呈瘤状。**

背鳍具18~19鳍条，位于躯干最后2体环及尾部最前2骨环背方。臀鳍仅4鳍条。胸鳍具18鳍条，略呈扇形。无腹鳍及尾鳍。

体淡黄色，**眼上具放射状斑纹，或不显明，体侧具不甚规则的虫纹状白色线斑。**

【生物与生态学特性】 生活在近海较深的海底，尤其是海藻丛或珊瑚礁丛非常繁茂的地带，最深记录为120m。体形、产量均相对较大，以毛虾、糠虾等小型甲壳类动物为食。最大个体长280mm，无食用价值，多数用于中药，价格昂贵。

【分布】 分布于印度-太平洋海域，我国产于东海、台湾海域及南海。

【现状与保护】 列入《濒危野生动植物种国际贸易公约》**(CITES)**附录Ⅱ，《中国物种红色名录》列为濒危物种，现属国家Ⅱ级保护动物。

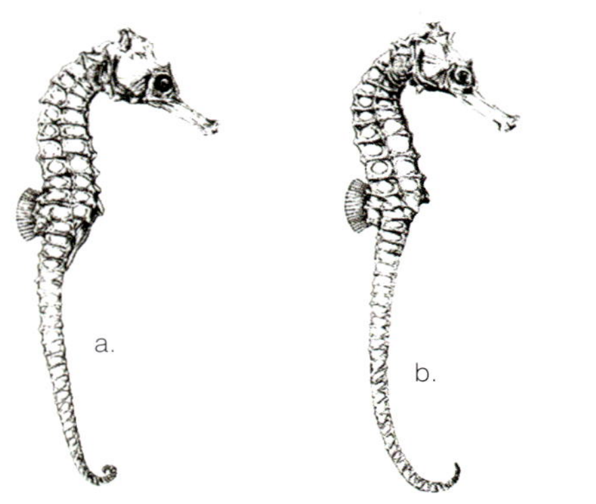

图135-1　大海马的*Hippocampus kelloggi*　a.雄性 b.雌性 c.背面观（依Lourie, Sara A）

图135-2　三斑海马*Hippocampus trimaculatus*（依Teresa Zubi/等）

(136) 粗吻海龙

Trachyrhamphus serratus (Temminck *et* Schlegel, 1850)

【汉语拼音】 cū wěn hǎi lóng
【英 文 名】 Grested pipefish, Goggle-eye pipefish, Rough pipefish, Crested pipefish
【别　　名】 锯粗吻海龙
【分类地位】 刺鱼目 Gasterosteiformes，海龙科 Syngnathidae

【形态特征】 体延长稍侧扁，体高大于体宽，躯干部七棱形，尾部四棱形，向后逐渐变细。**体无鳞，完全包于骨环中，骨环数21~24+44~50。体上棱嵴不甚突出，较光滑，无棘突，顶骨具1明显中央隆起嵴。躯干部上背棱与尾部上背 棱不相连，**下腹棱、中侧棱在尾部分别与尾部下腹棱相连续。头部及身体光滑无棘刺，仅吻背面中央具1细锐锯齿嵴，体上无皮质瓣突。吻呈短管状，大于或等于眼后部，**中央隆起嵴有锯齿。眼眶突出，与吻管形成一钝角。**口小，颌短小，无齿。鳃盖突出，前方基部具1短小隆起嵴，向后弯向鳃孔，后方具放射状线纹。背鳍25~29鳍条，基部隆起，位于肛门背方，起于体环第21节，止于尾环第3节。臀鳍3~4鳍条，胸鳍14~19，侧位而低。尾鳍9，后缘尖形或圆形。雄鱼育儿囊在尾部前方腹面。肛门位于体前部l/3稍后方。

体灰褐色或黑褐色，腹侧淡灰色，体上具9~14条黑灰色横带。背鳍具3~4列黑色斑点。臀、胸鳍淡色，尾鳍黑色。

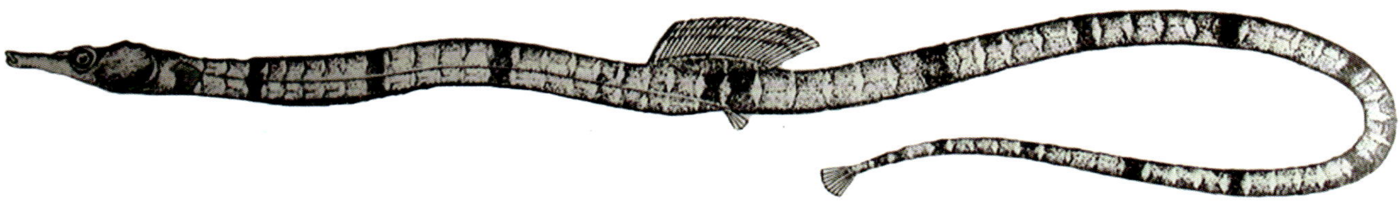

图136-1　粗吻海龙 *Trachyrhamphus serratus*（依东海鱼类志）

【生物与生态学特性】 暖水性小型鱼类，体长可达300mm，为海龙类中个体较大的一种。主要栖息于岩礁的周围、底部多碎石或沙泥底质的水域，无食用价值，仅供药用。

图136-2　粗吻海龙 *Trachyrhamphus serratus*（依H. Senou等）

【分布】 广泛分布于印度洋—西太平洋地区，我国产于东海、台湾沿海及南海。

【现状与保护】 《中国物种红色名录》列为易危物种，现为福建省重点保护野生动物。

(139) 刀海龙

Solegnathus hardwickii (Gray, 1830)

【汉语拼音】 dāo hǎi lóng
【英 文 名】 Tube pipefish, Hardwicke's pipefish
【别　　名】 哈氏刀海龙、哈氏柄颌海龙
【分类地位】 刺鱼目 Gasterosteiformes，海龙科 Syngnathidae

【形态特征】 体细长，**无鳞，完全包于骨环中**，骨环数25~26+56~57。**躯干部五棱形，尾部前方六棱形**，后方逐渐变细，呈四棱形，尾端卷曲。**体高远大于体宽**。眼大而圆，眼眶突出，眼间隔凹陷。吻延长，口闭时，**口裂几呈垂直状**，两颌微可伸缩，无齿。鳃盖突出，不具隆起嵴，具显明的放射状线纹。周身具颗粒状棘，躯干部与尾部上侧棱不相连续，或近相连续，下侧棱相连续，体中侧棱与尾部上侧棱相连续。背鳍完全位于尾部，具41~42鳍条。胸鳍23鳍条。**无尾鳍**。雄性育儿囊位于尾部前方腹面。

体淡黄色，于躯干部上侧棱骨环相接处有1列黑褐色斑点，各鳍淡色。

【生物与生态学特性】 生活于较深海中，偶为底拖网具捕获，产量不大，无食用价值，但在传统医学中具较高药用价值。最长个体可达0.4m。

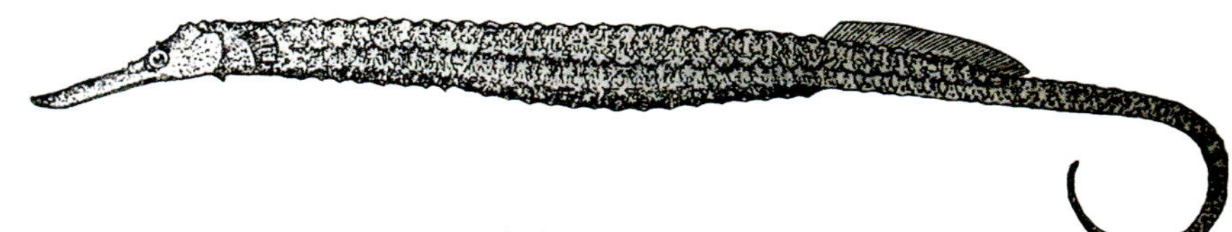

图139-2 刀海龙*Solegnathus hardwicki*（依南海鱼类志）

【分布】 分布于非洲、新西兰、澳大利亚、日本及印度等海域，我国产于东海、台湾海峡及南海。

【现状与保护】 本种为福建省重点保护野生动物。

图139-1 刀海龙*Solegnathus hardwickii*（依Union Catalog of Digital Archives, Taiwan）

(140) 波纹唇鱼

Cheilinus undulatus Rüppell, 1835

【汉语拼音】 bō wén chún yú
【英 文 名】 Humphead wrasse
【分类地位】 曲纹唇鱼(台湾)
【分类地位】 鲈形目 Perciformes，隆头鱼科 Labridae

【形态特征】 体呈长椭圆形，侧扁，**背缘凸度较大**，腹缘几乎直。头大，**项部甚突**，眼前缘凹入。吻前端钝圆，眼侧而高位。眼间隔成鱼甚隆起。口大，略能向前伸出，下颌较上颌稍突出。齿呈圆锥形，两颌各1行，前端各具犬齿1对，上颌犬齿较下颌为大。唇厚，内侧具纵褶。前鳃盖骨边缘光滑，后缘微凹。体被大形圆鳞。背鳍1个，具10棘，鳍棘部与鳍条部间无缺刻。尾鳍圆形。

图140-1 波纹唇鱼*Cheilinus undulates*
(依www.destin-tanganyika.com/等)

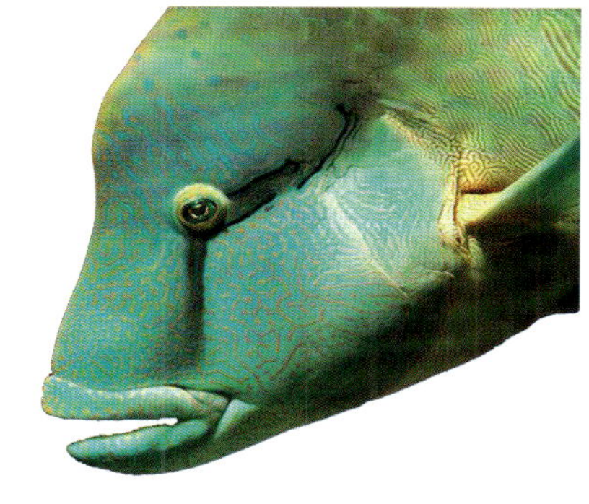

头、项部呈墨绿色，头侧具许多朱红色细条纹，上、下颌和颐部淡绿色。体侧呈黄绿色，前部具朱红色细纹，后部具紫色横纹，腹部较淡色。

【生物与生态学特性】 本种系隆头鱼科中个体最大者，有记录的最大体长为2.29m，体重191kg，最长年龄可达32龄。肉食性，但个性温和，以软体动物、甲壳动物及小型鱼类等为食。幼鱼常栖息礁盘内侧浅水中，成体见于礁盘外侧较深的海域，通常可达60m处。因成体通常具高高隆起的额头，就像拿破仑戴的帽子，所以有“拿破仑”之称，从而成为各水族馆的常客。有报导其肌肉可能含西加鱼毒(ciguatera poisoning)，食用后会引起中毒，表现为肠胃不适及神经系统障碍。

【分布】 分布于红海、印度洋非洲沿岸至太平洋中部，我国主要产于南海诸岛和台湾等海域。

【现状与保护】 原在西沙群岛终年可捕到，为习见经济鱼类，近年来因捞捕过度，已难见踪影。已列入《濒危野生动植物种国际贸易公约》(CITES)附录Ⅱ，世界自然保护联盟(IUCN)列为濒危物种。

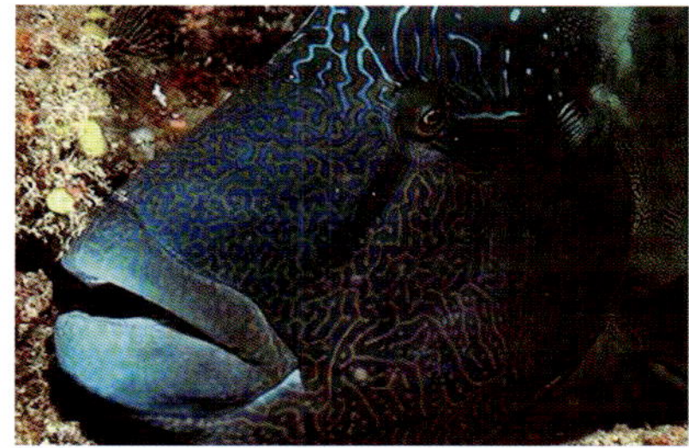

图140-2 波纹唇鱼*Cheilinus undulates*(依www.divefroggies.com/uw/等)

(141) 黄唇鱼

Bahaba taipingensis (Herre, 1932)

【汉语拼音】 huáng chún yú 【英文名】 Bahaba, Chinese bahaba, Giant yellow croaker
【别　　名】 "大鱼"、"金钱鲵"
【同物异名】 *Bahaba flavolabiata*
【分类地位】 鲈形目 Perciformes，石首鱼科 Sciaenidae

【形态特征】 体延长，稍侧扁，吻钝尖，吻褶边缘完整，不游离成吻叶。颏孔2个，不显著，无颏须，眼中大。口前位，上颌骨后延达眼中部下方，上颌外行齿尖锥形，排列稀疏，内行齿细小，列成齿带。下颌内行齿稍大，犁骨、腭骨及舌上均无齿。前鳃盖骨边缘具细弱锯齿，鳃盖骨后缘具2个扁棘。体及头的后半部被栉鳞，吻部、眼间隔和前鳃盖骨皆被小圆鳞。背鳍鳍条部及臀鳍基部各具1鳞鞘。

背鳍Ⅷ－22~25，鳍棘部与鳍条部之间具1深凹。臀鳍Ⅱ－7，胸鳍尖长，腹鳍胸位，约与胸鳍等长，外侧鳍条略延长成丝状。尾鳍尖圆(幼体)或楔形。尾柄细长。**鳔圆筒形，前端宽平，两侧具2条向后延长的细管，其长约与鳔等长，**伸入体壁肌层之内，**鳔的后端短而细尖，鳔侧无侧肢。**

体背侧灰棕带橙黄色，腹侧灰白色，胸鳍基部腋下有1黑斑，背鳍鳍棘部及鳍条部边缘黑色。尾鳍灰黑色。腹鳍及臀鳍浅色。

【生物与生态学特性】 近海暖温性底层大型鱼类，幼时栖于河口咸淡水区或沿岸浅水区，也能生活于江河下游，成鱼则栖息于水深50~60m的外海，以虾、蟹等甲壳类及小鱼为食。一般体长1.5m，重40~50kg，大者可达70kg以上，为延绳钓的兼捕对象，为我国特有种。以往每年冬季11月至翌年正月，广东沿海捕获较多，东海在夏季亦常有捕获，其鳔向称名贵，为上等补品。但成鱼产量少，不常见，近年来已属罕见。

【分布】 产于我国东海和南海。

【现状与保护】 世界自然保护联盟(**IUCN**)列为极危物种，《中国物种红色名录》列为濒危物种，现为国家Ⅱ保护动物。

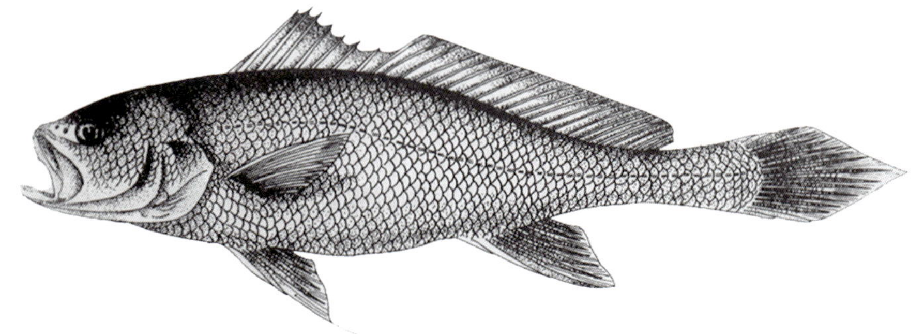
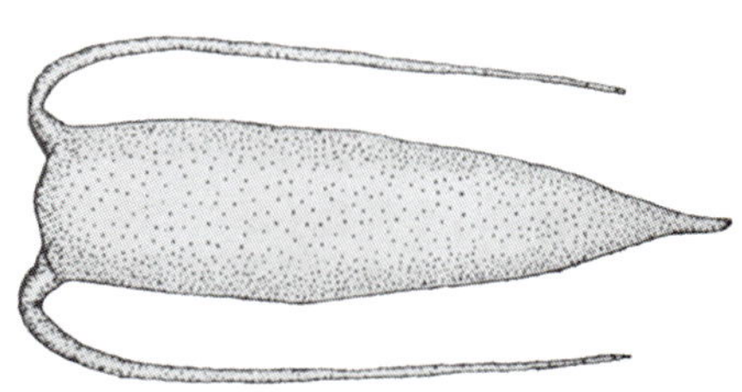

图141-1 黄唇鱼*Bahaba taipingensis* 及鳔模式图 (依中国有毒及药用鱼类新志)

图141-2 2007年4月湛江坡头乾塘附近海域捕获的黄唇鱼。体重49kg，全长1.75m (依图读湛江)

(142) 褐毛鲿鱼

Megalonibea fusca Chu, Lo *et* Wu, 1963

【汉语拼音】 hè máo cháng yú
【英 文 名】 Dusky roncador
【别　　名】 "大鱼"、"网撞"
【分类地位】 鲈形目 Perciformes，石首鱼科 Sciaenidae

【形态特征】 体侧扁，延长，背腹缘浅弧形。吻尖钝，吻褶完整，不分叶，吻上孔3个，弧形排列，吻缘孔5个。口前位，斜裂，上下颌约等长。上颌骨后延达眼中部下方。唇薄，上颌齿细小，排列成齿带，外行齿扩大，排列稀疏。下颌外行齿细小，内行齿较大而尖，尖锐，犁骨及腭骨均无齿。**颏孔为"似五孔型"，中央颌孔1对，相互靠近，中间具肉垫，肉垫下陷时呈现1浅孔，内侧及外侧颏孔存在。**无颏须。鳃孔大，前鳃盖骨边缘具弱锯齿，鳃盖骨具1软弱扁棘。体被栉鳞，背鳍鳍条部及臀鳍基部具1行鳞鞘。侧线鳞平直，前部略呈弧形，伸达尾鳍后端。背鳍X，I 22，臀鳍Ⅱ-7。胸鳍短，小于眼后头长，腹鳍短于胸鳍。尾鳍双凹形。**鳔呈锚状，前端广圆形，后端尖细，前部两侧突出成须状短囊，鳔侧共具26对树枝状侧肢，**其中鳔的前部具侧肢2对，第一对最大，基底呈倒三角形。须状短囊具6对较小侧肢，鳔之躯干部具侧肢18对，均较小，侧肢只具腹分枝，无背分枝。体银灰带橙褐色。

【生物与生态学特性】 近海暖温性底层大型食用鱼类，终年可以捕获，以冬季及夏季较多。常见个体长1.5~2.0m，重60~100kg。喜栖于岩礁和石砾底质的流急浅水水域，水深约8~10m。20世纪70年代后资源锐减，现已无渔汛。本种除肉质鲜美外，其鳔颇为名贵，仅次于黄唇鱼鳔，为上等补品。

【分布】 产于我国黄海南部、东海及台湾海峡。

【现状与保护】 《中国物种红色名录》列为濒危物种。

图142-1　2008年6月2日捕于舟山海域，体重74kg

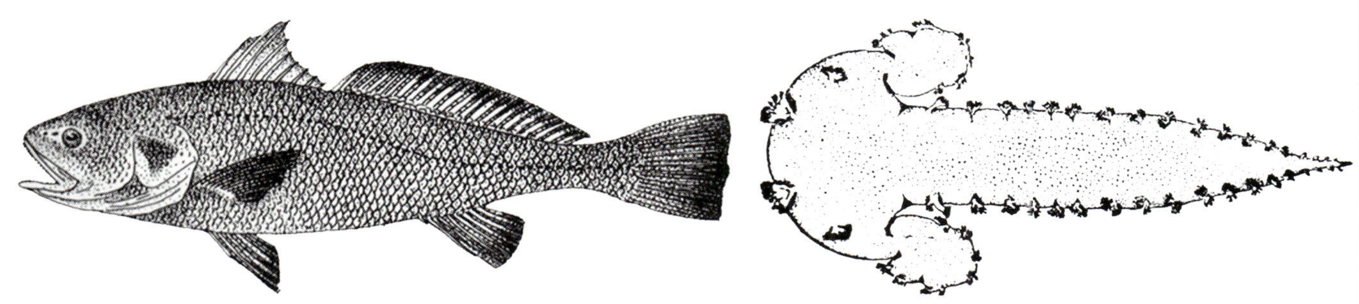

图142-2　褐毛鲿鱼及鳔的模式图（依中国有毒及药用鱼类新志）

(143) 松江鲈

Trachidermus fasciatus Heckel, 1837

【汉语拼音】 sōng jiāng lú
【英 文 名】 Roughskin sculpin
【别　　名】 松江鲈鱼、四鳃鲈
【分类地位】 鲉形目 Scorpaeniformes，杜父鱼科 Cottidae

【形态特征】 体长纺锤形，前部平扁，后部近圆筒形，向后渐细小而尖。头大，宽而扁平，**上具鼻棘、眼上棱、顶枕棱、眼后棱、眼下棱。眼上棱、顶枕棱、眼后棱及眼下棱均无棘**。口宽大，微斜，上下颌、犁骨及腭骨均有绒毛状的细齿群，其中犁骨的齿群相连为横月形。前鳃盖骨上有4个短而粗壮的棘。体表无鳞，**皮肤具许多粒状和细刺状的皮质小突起**。侧线完全、平直，呈粘液管状。两个背鳍略微相连，呈圆形，鳍棘细弱。胸鳍宽大，呈长圆形。尾鳍为圆截形，后缘圆凸。

体表为黄褐色，体侧具5~6条暗色横纹。吻侧、眼下、眼间隔和头侧具暗色条纹。背鳍淡黄色，第一背鳍上有一个大块的黑斑，其他鳍上有小的黑点，臀鳍基部常呈橘红色，腹侧白色。鳃孔大，鳃耙呈粒状。**鳃膜与臀鳍基底均为橙红色，远看犹如鳃，故有“四鳃鲈”之称。**

图143-2　松江鲈 *Trachidermus fasciatus*（依中国淡水鱼类原色图集）

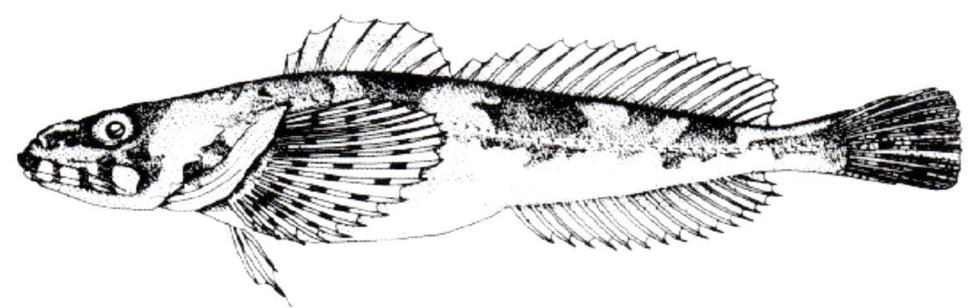

图143-1　松江鲈 *Trachidermus fasciatus*（依Kim, Ik-Soo）

【生物与生态学特性】 为河口底栖性小型鱼类，常见体长50~170mm。具降河性洄游习性，在淡水水域生长、育肥，成鱼降河入海，在河口近海区繁殖。在长江三角洲，通常从11月底开始，雄、雌成鱼先后降河入海，翌年2月上旬结束，3月在浅海区域产卵，产卵后由雄性护卵。4月下旬开始幼鱼由近海溯河进入淡水水域，6月结束。

本种营底栖生活，昼伏夜出，为肉食性凶猛鱼类，以小型鱼类及虾类为食。两性略有差异，雄性头部宽大，吻相对短钝，具有尿殖乳突，体色较深，雌性头部略狭长，吻稍尖，没有尿殖乳突，体色较浅。

图143-3　松江鲈 *Trachidermus fasciatus*（依中国松江鲈鱼网）

【分布】 我国渤海、黄海、东海沿岸及通海河川江湖中均有分布，但以长江三角洲为主要分布区，特别以上海松江县所产的最为有名，故名松江鲈鱼。国外分布于朝鲜、日本和菲律宾等国海域。

【现状与保护】 松江鲈鱼肉质细白肥嫩，久煮不老，肉中无刺，味道极其鲜美，自古被誉为我国四大名鱼之一，为沪杭一带的名菜，早在魏晋时就很有名，隋朝时，已经成为东吴一带的贡品。近年来，由于江湖隔绝，栖息环境改变，致使补充群体的幼鱼资源不断减少，自然资源已近枯竭。

《中国物种红色名录》列为濒危物种，现属国家Ⅱ级保护动物。

六/贝壳类

Shellfishes

a. 多板类(石鳖) b.掘足类(象牙贝) c.双壳类(贻贝) d.螺类(脉红螺) e.头足类(枪乌贼) f.头足类(长蛸)

贝类（Shellfishes）

贝类又称软体动物(Molluscs)，种类繁多，分布也极广，共包括7大类，常见的有双壳类、螺类、多板类、掘足类及头足类，只因大部分种类具有一个、二个或多个石灰质外壳或板而得名。

双壳类具2瓣壳，体没有明显的头部，而足很发达，呈斧状，习惯也称斧足类，如青蛤、文蛤、竹蛏。螺类只一个螺旋形外壳，如荔枝螺、冠螺，鲍鱼也属此类，只是它的外壳螺旋部不明显。多板类如石鳖，有8块骨板，有序排列在背部，未包被全身。掘足类种类很少，它有一个象牙状两端开口的外壳，如大角贝。最特化或进化的当属头足类，有发达的头部及眼，足呈趾状(腕)，位于头部前端，故称头足类。

头足类的壳多有变化，唯鹦鹉螺还保留了完整的螺旋形的外壳，不过它的螺旋方式与内部结构与其他的螺截然不同。大部分种类外壳变成了内壳(内骨骼)，如乌贼(墨鱼)、枪乌贼(鱿鱼)。也有一些种类连内壳也退化，如长蛸、真蛸(章鱼)等。

本书所述的贝类共有8种，分别隶属于头足类、螺类和双壳类，其中3种为国家Ⅰ、Ⅱ级保护动物，其余5种为福建省重点保护动物

(144) 鹦鹉螺

Nautilus pompilius Linnaeus, 1758

【汉语拼音】 yīng wǔ luó
【英 文 名】 Pearly nautilus, Pompilius nautilus
【分类地位】 头足纲 Cephalopoda，鹦鹉螺目 Nautiloidea，鹦鹉螺科 Nautilidae

【形态特征】 体外具一个背腹螺旋形的石灰质外壳，无螺顶，与通常的螺类不同。壳外表较光滑，呈灰白色或淡黄褐色，**间杂有15~20条橙红色、褐红色或褐黄色**

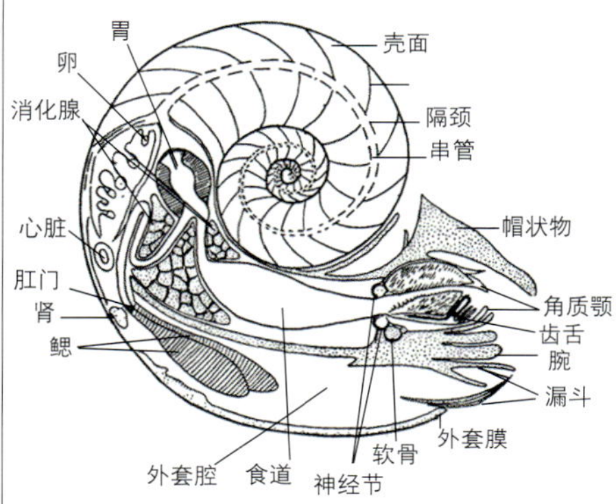

图144-1 鹦鹉螺*Nautilus pompilius* 内部结构 (依 http://opencage.info/pics/files/)

的波状横纹，壳内面珍珠层较厚。**自壳口向内，具约30个壳室，**第一室庞大，为动物肉体部分所居，称“住室”，其余各室逐次变小，用以贮存空气，称“气室”，**各气室中央都有小孔相通，众多小孔组成一个“串管”，**平时能借助气

室内空气的充与放，在水体中调节沉浮。肉体部的大部分包在壳内，**头、足均很发达，位于身体的前端。**口在其中，口内有1口球，其内有上下嵌合的角质颚和齿舌。**足呈腕状，环生于口缘，上无吸盘。**腕的数量雌雄有别，雄性通常只有60多条，雌性约有90条，各腕作用，如警戒、捕食、吞食等各有分工。

口的上方有一宽大、肥厚的帽状物，类似于螺类中的厣，能覆盖壳口，起保护作用。两眼发达，位于帽状物基缘两侧。头部腹面具1管状的漏斗，为鹦鹉螺的主要运动器官。

【生物与生态学特性】 为印度洋和太平洋海区特有的暖水性大型贝类，通常壳长可达150~200mm，从5~400m水深都有分布，尤以400m左右水深处居多，平时潜伏于海底的珊瑚礁及岩石上，常在日落后出来活动，或用触手沿着珊瑚质海底爬行，或在水层中浮游、摄食，动作快速而敏捷，肉食性，以小型鱼类、甲壳类、海胆和其他软体动物等为食。雌雄异体，交配时，雄性和雌性头部相对，腹面朝上，将触手交叉，雄性以腹面的肉穗将精荚附于雌体漏斗后面的触手上。雌性的受精部位在口膜附近，受精后短期内即产卵，产卵量少，每次仅几粒至几十粒，但卵较大，卵径可达40×10mm。

【分布】 分布于印度洋和太平洋热带海区，我国产于台湾、海南岛及南海诸岛海域。

【现状与保护】 贝壳漂亮，为珍贵的观赏贝类，肉可供食用，也是现存最古老的头足类动物，有“活化石”之称，现列为我国I级保护动物。

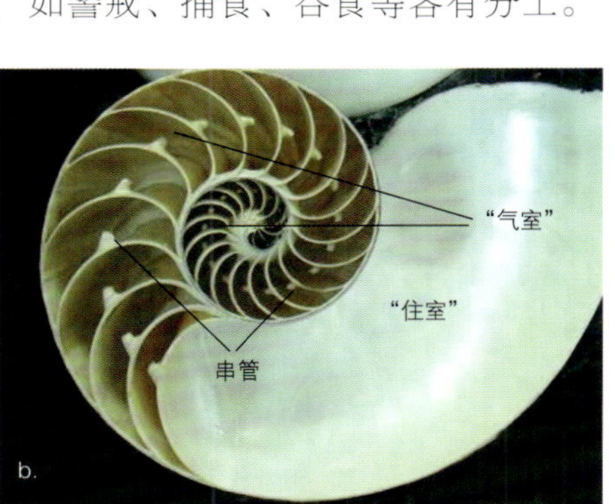

图144-2 鹦鹉螺*Nautilus pompilius* a.外壳 b.外壳解剖 (依http://www.laputanlogic.com/)

(145) 虎斑宝贝

Cypraea (Cypraea) tigris Linnaeus, 1758

【汉语拼音】 hǔ bān bǎo bèi
【英 文 名】 Giant arabian cowrie, Tiger cowrie
【别　　名】 黑星宝螺(台湾)、宝贝
【分类地位】 腹足纲 Gastropoda，中腹足目 Mesogastropoda，宝贝科 Cypraeidae

【形态特征】 **贝壳呈卵圆形，背部膨圆，**两端微凸，前端较尖瘦，底部微凹，顶部向内凹陷。**体螺层极大，成体时螺旋部小，**埋于体螺层中。**壳口狭长，唇缘厚，外唇齿约20~30枚，**内唇齿约22~26枚。前水管沟较短，后水管沟较长，**无厣。壳质坚固、厚重，表面光滑，被以厚的珐琅质，故有瓷质光泽，淡黄色或白色，布有大小不同的黑褐色斑点，似虎皮的斑纹，**故得名。壳内面白色。吻和水管均短，外套膜及足发达，具外套触手。生活时外套膜常向外伸展，遮被贝壳。

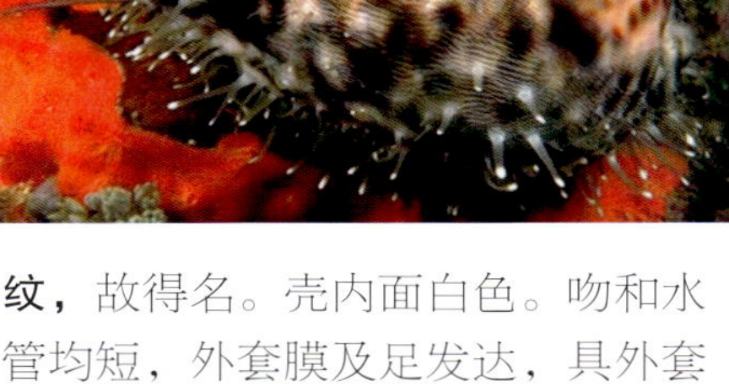

【生物与生态学特性】 栖息于低潮线以下的珊瑚礁或珊瑚礁之间的沙滩中。夜间活动，以腹足爬行，行动迟缓。常隐匿于珊瑚礁的基部或礁体的洞穴内，有的则伏于礁石下。肉食性，主要以有孔虫、海绵、小型甲壳动物等为食。每年3－4月交配产卵。将卵产在珊瑚洞穴及空贝壳内，母贝产卵后并不离开卵块，而是卧伏其上，保护卵免遭伤害，直到1－ 2周后幼虫孵出为止。幼体时具螺旋形的螺层，发育成长后，螺层被包在里面，厣也消失。常见壳长60~100mm。

【分布】 为印度－西太平洋热带海区广布种，我国产于台湾和南海。

【现状与保护】 因环境污染、栖地破坏以及过度捕捞，资源急剧下降。《中国物种红色名录》列为濒危物种，现为我国Ⅱ级保护动物。

图145-2　虎斑宝贝*Cypraea (Cypraea) tigris* (依//www.divegallery.com/等)

(146) 冠螺

Cassis cornuta (Linnaeus, 1758)

【汉语拼音】 guan luó
【英 文 名】 Giant heleht shell
【别　　名】 唐冠螺
【分类地位】 腹足纲 Gastropoda，异腹足 目Heteropoda，冠螺科 Cassidae (Cassididae)

【形态特征】 **壳大而厚重，略呈球形或卵圆形。**螺层约9层，每层的高度增加较慢。**螺旋部较短，体螺层非常膨大，几占贝壳的全部。螺顶尖，每一螺层的肩部具有结节突起，尤以体螺层的结节特别发达，有5~7个角状突起。**体螺层还有2条粗壮的螺肋，其上也有结节突起。螺旋部与体螺层上还有一片状纵肋。螺肋与生长线交叉呈网目状。壳口窄长，中部略宽，内、外唇扩张呈三角形盾面。外唇内缘有5~7个角状突起。体螺层还有2条粗壮的螺肋，其上也有结节突起。螺旋部与体螺层上还有一片状纵肋。螺肋与生长线交叉呈网目状。壳口窄长，中部略宽，内、外唇扩张呈三角形盾面。外唇内缘有5~7个齿，内唇有8~11个褶襞。前沟短，向背部扭曲。脐小，厣角质，生长纹清楚，棕褐色。

壳表面灰白色，并具有不规则的红褐色斑纹，接近壳口边缘具有大的褐色斑块。壳口内面为深橘红色。

【生物与生态学特性】 为暖海性底栖大型贝类，常见个体壳高约300mm左右，生活在低潮线以下的珊瑚礁内，活动较慢，常以海藻及微小生物为食，春、夏季节为繁殖盛期。肉可供食用，贝壳奇特，可作观赏用或加工制成装饰品。

【分布】 分布于东非沿岸、加罗林群岛、萨摩阿群岛、夏威夷群岛以及日本南部等。我国产于台湾、西沙群岛。

【现状与保护】 《中国物种红色名录》列为濒危物种，现为我国Ⅱ级保护动物。

图146−1 冠螺*Cassis cornuta* (依www.divegallery.com/等)

图146 −2 冠螺*Cassis cornuta* (依http://www.subaqua.ch)

(147) 杂色鲍

Haliotis diversicolor Reeve, 1846

【汉语拼音】 zá sè bào　【英文名】 Variously colored abalone
【别　　名】 九孔螺
【同物异名】 *Haliotis (Haliotis) diversicolor*
【分类地位】 腹足纲 Gastropoda，原始腹足目 Archaeogastropoda，鲍科 Haliotidae

【形态特征】 贝壳坚厚呈耳形或卵圆形，螺旋部小而不明显，体螺层极大。壳面的左侧有1列突起，约20余个，前面的6~9个常有开口，其余皆闭塞。贝壳表面有许多不规则的螺旋肋和细密的生长纹，生长纹与放射肋交错使壳面呈布纹状。**壳表为绿褐色或暗红色及杂色斑，贝壳内面银白色，具珍珠光泽。**壳口大，外唇薄，内唇向内形成片状遮缘。无厣。足发达。

【生物与生态学特性】 营匍匐生活。栖息于低潮线附近及潮下带水深10m左右，藻类丛生的珊瑚礁质的岩石海底、岩礁缝隙，喜有波浪冲击，水质清澈的环境。以藻类为主食，雌雄异体，体外受精。现为我国主要增养殖贝类之一。上市壳长约80mm。

【分布】 分布于日本房总半岛到九州岛、朝鲜半岛，国内分布于浙江南部以南、南海、香港及台湾等暖海流域。

【现状与保护】 为福建省重点保护野生动物。

图147-1　杂色鲍*Haliotis diversicolor*
(依シェルコレクション)

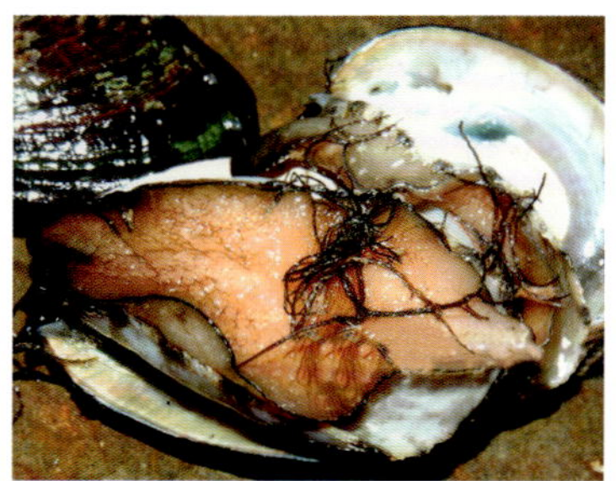

图147-2　杂色鲍*Haliotis diversicolor*

图147-4　杂色鲍*Haliotis diversicolor* (依图读湛江)

(148) 大竹蛏

Solen grandis Dunker, 1861

【汉语拼音】 dà zhú chēng 【英文名】 Grand jackknife clam
【别　　名】 竹蛏
【同物异名】 *Solen beckii*
【分类地位】 双壳纲 Bivalvia，帘蛤目 Veneroida，竹蛏科 Solenicae

【形态特征】 **贝壳延长，合抱呈竹筒状，**壳长为壳高的4~5倍，**两端开口，前缘截形，**后端略圆，**背腹缘互相平行，**腹缘中部稍向内凹。壳顶位于壳的最前端，铰合部小，两壳各具主齿1枚。**壳质薄脆，被黄褐色壳皮，无放射肋，生长线明显，**沿后缘及腹缘方向排列。壳表常具不规则的淡红色带，壳内面

图148-1 大竹蛏 *Solen grandis*

白色或可看到淡红色彩带或稍带紫色。前闭壳肌痕长形，后闭壳肌痕三角形。

【生物与生态学特性】 埋栖于潮间带中、下区和浅海泥砂滩，壳长为100~150mm。肉味鲜美，是重要的经济贝类之一。此外，其壳也可入药，具消瘿瘤、止带下功效。

【分布】 分布于菲律宾、朝鲜、日本等海域，我国南北沿海均有分布。

【现状与保护】 为福建省重点保护野生动物。

图148-2 大竹蛏*Solen grandis* (依www.buan21.com)

(149) 双线紫蛤
Hiatula diphos (Linnaeus, 1771)

【汉语拼音】 shuāng xiàn zǐ gá 【英文名】 Diphos sanguin
【别　　名】 双线血蛤、紫贝(台湾)
【同物异名】 *Sanguinolaria diphos*
【分类地位】 双壳纲 Bivalvia，帘蛤目 Veneroida，紫云蛤科 Psammobiidae

【形态特征】 **贝壳呈长椭圆形而侧扁**，两侧微不等。**前后端均为圆形**，但前端较后端略短，**壳顶偏向前端，两壳不能完全闭合。壳簿，常被黄褐色或咖啡色壳皮**，壳皮易脱落，露出白色或紫灰色贝壳。自壳顶向后腹面延伸2条不明显的浅色放射带。同心生长线细密。外韧带短而凸出，呈褐色。壳内面呈紫色。两壳各有主齿2枚，无侧齿。外套痕清楚，外套窦长而较宽，向前方逐渐变窄，部分与外套线汇合。

图149-1 双线紫蛤*Hiatula diphos*（依原色日本贝类图鉴）

【生物与生态学特性】 埋栖于潮间带细沙底质中，一般潜入深度约300mm，由岸边潮间带至20m深的浅海底均可发现。但由于腹缘薄而尖锐，所以常会令采收者的手受伤，且本种一受惊吓会继续下潜，所以采收时有一定难度。为食用双壳类，体长可达80~100mm，肉味鲜美。

【分布】 广泛分布于太平洋西部热带及亚热带海区，我国产于东海和南海。

【现状与保护】 为福建省重点保护野生动物。

图149-2 双线紫蛤*Hiatula diphos*（依163.17.112.138/~boswell/envi/、蔡献仁）

(150) 栉江珧

Atrina (Servatrina) pectinata (Linnaeus, 1767)

【汉语拼音】 zhì jiāng yáo 【英文名】 Comb pen shell
【别　　名】 带子、牛角江珧蛤（台湾）
【同物异名】 *Pinna pectinata*, *Pinna inflata*
【分类地位】 双壳纲 Bivalvia，贻贝目 Mytiloida，江珧科 Pinnidae

【形态特征】 **贝壳大而薄，呈扇形或三角形或直角梯形，壳顶尖细，背缘直或略凹，腹缘前半部略直，后半部扩张，壳后缘多呈截形。**韧带极细长，位于壳顶到背部的直线上。**壳表一般有15~30条放射肋，肋上具有三角形略斜向后方的小棘，此棘状突起在背缘最后1行常呈强大的锯齿状。**生长纹细，至腹缘边粗而呈褶状。壳表褐色，壳内面前半部具珍珠光泽，后闭壳肌痕位于贝壳中部。

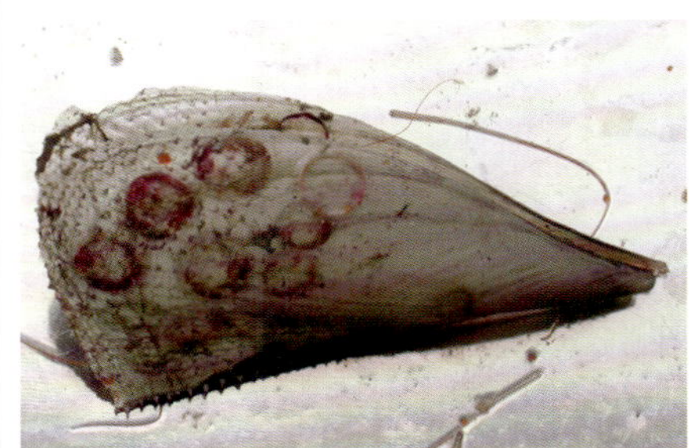

图150-1 栉江珧*Atrina (Servatrina) pectinata*

【生物与生态学特性】 以足丝附着生活，栖息于低潮线以下至水深20m的浅海泥砂质海底，将背侧后方的尖端插入沙泥中，以浮游生物为食。通常由拖网船捞获。常见壳长150~200mm，最长可达350mm。为主要食用贝类，除肉可食外，其硕大的闭壳肌常制作成江珧柱，贝壳是贝雕原料。

【分布】 为印度洋和太平洋的广布种，我国沿海均有分布。

【现状与保护】 为福建省重点保护野生动物。

图150-2 栉江珧*Atrina (Servatrina) pectinata* （依http://www.seinpan.com/等）

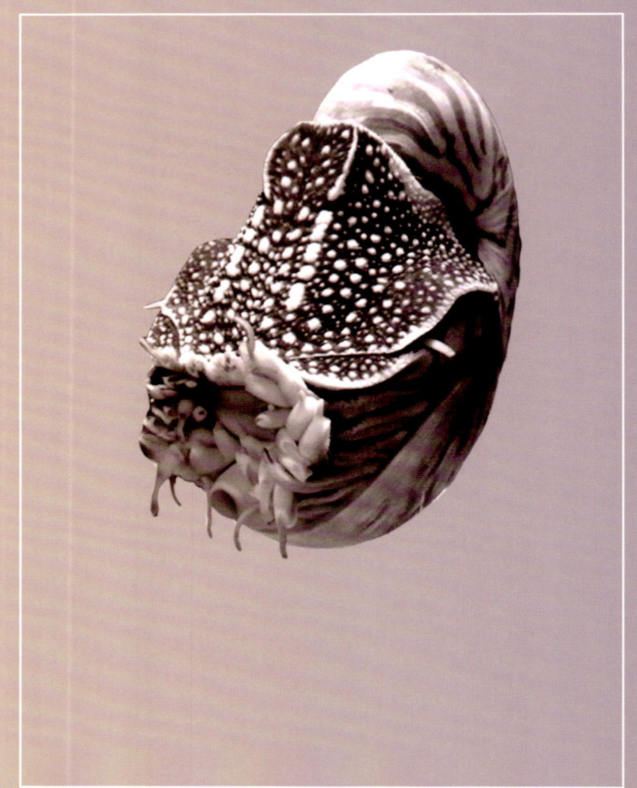

贝类（Shellfishes）

七/甲壳类

Crustacea

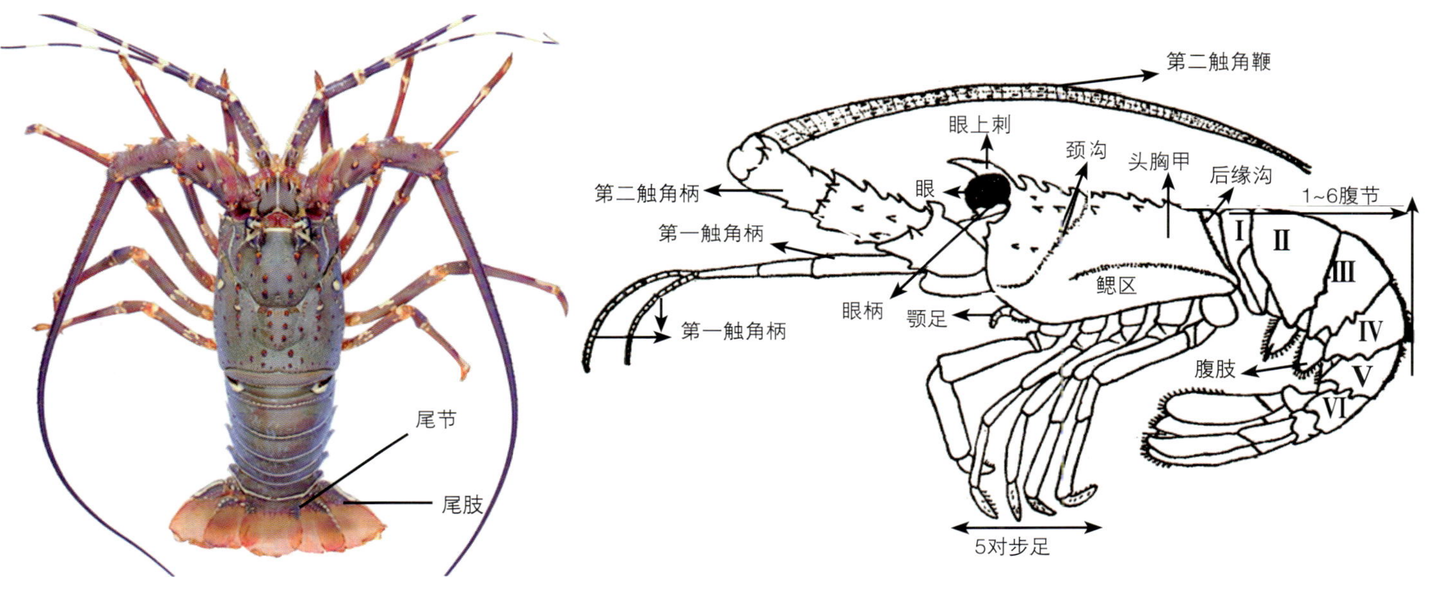

甲壳类（Crustacea）

甲壳类是节肢动物门中体被几丁质外壳的一类动物的统称，通常包括虾、蟹、鲎及一些小型的桡足类、枝角类等，因其体外被有几丁质外壳（也称外骨骼）而得名。此外，甲壳类还有一些共同的特征，如体分节，且为异律分节，即各节外形及内部结构有所不同；头胸部及腹部都有附肢，且附肢也分节；生长过程中都要周期性的蜕皮；卵生，且幼体发育多有变态。

本书所述的甲类动物只有4种，为福建省级保护动物，其中锦绣龙虾和中国鲎也是浙江省拟定保护动物。

(151) 锦绣龙虾

Panulirus ornatus (Fabricius, 1798)

【汉语拼音】 jǐn xiù lóng xiā
【英 文 名】 Yellow-ring spiny lobster, Ornate spiny lobster
【分类地位】 甲壳纲 Crustacea，十足目 Decapoda，龙虾科 Palinuridae

【形态特征】 头胸部粗大，呈圆筒形，**其上散有少数的短小刺**。无额角，无眼窝，眼上刺粗大。**触角板上有2对大刺，大刺间有1对小刺**。腹部短小，背腹稍扁，尾部常曲折于腹下。**腹节背板光滑无横沟，仅散有细小点刻**。尾节长于尾肢，呈长方形，末缘圆弧形。第一触角细长，第二触角无鳞片，基部粗大，互相远离，其上有长而多节且硬的刺鞭。第1步足粗短，其余4对步足稍细长，皆不呈螯状(除雌性最后1对呈亚螯状外)，各步足指节腹侧列生有刚毛。尾扇分软膜、有条纹的后部和硬的前部。

头胸甲前部背面有美丽的五彩花纹，腹部背面有棕色斑，步足呈棕紫色，上有黄白色圆环。

【生物与生态学特性】 栖息于沿岸浅海多岩礁地带或泥沙质的浅海底，通常水深在10m以内，白天隐匿于洞或石缝中，夜间外出觅食。最大个体可达4~5kg，但产量不大。肉可食用，另壳、肉均可入药，外壳还可作为装饰品。

【分布】 日本、东非、印度尼西亚、印度、新加坡、菲律宾、澳大利亚等海域均有分布，我国产于江舟山群岛以南的东海、南海。

【现状与保护】 《中国物种红色名录》列为易危物种，也是浙江省拟定、福建省重点保护野生动物。

图151-1 锦绣龙虾*Panulirus ornatus*
(依Crustaceans of Nelson Bay)

图151-2 锦绣龙虾*Panulirus ornatus* (依opencage.info.)

(154) 中国鲎

Tachypleus tridentatus (Leach, 1819)

【汉语拼音】 zhōng guó hòu
【英 文 名】 Horseshoe crab, Kingcrab
【别　　名】 三刺鲎、海怪
【分类地位】 肢口纲 Merostomata，剑尾目 Xiphosura，鲎科 Tachypleidae

【形态特征】 体由头胸部、腹部和尾部三部分组成，**头胸部和腹部均覆以圆弧形甲壳，外观呈瓢状，其中头胸部与腹部的甲壳之间有关节可作适当活动，仅尾部呈剑状露出甲壳外，**故又称剑尾。头胸甲的背面自前缘至左右两侧呈半圆形，其上通常具3条隆起嵴，1条位于正中，2条位于两侧，**正中嵴前方有2个单眼，侧嵴中间稍前各有1个复眼，**头胸甲两侧末端突出成刺。**腹甲侧缘各有6枚强棘，**长短在雌雄有别。头胸甲的腹面、口的周围有6对大型附肢，末端均呈螯状，**腹甲的腹面有6对书页状游泳肢，呈覆瓦状排列，兼有游泳和呼吸功能，**习称“书鳃”。

图154-1　中国鲎*Tachypleus tridentatus*（外形模式图）

【生物与生态学特性】 为暖水性底栖大型节肢动物，栖息于20~60m水深的沙质底浅海区，喜潜沙穴居，只露出剑尾。以小型甲壳动物、软体动物、环节动物、星虫、海豆芽等为食，有时也吃一些有机碎屑。幼小个体生活在岸边沙滩中，随着年龄的增长，逐渐移向浅海。每年11月随着水温下降由浅海游向较深水域越冬，翌年4−5月又从深水区游向浅海。每年4月下旬至8月底为繁殖期(福建)，立夏至处暑为盛期，大潮时爬到砂滩上挖穴产卵。繁殖期雌雄形影不离，雌鲎常驮着雄鲎蹒跚而行，故有“海底鸳鸯”之称。受精卵经过5~6周在砂中自然孵化成为幼虫，初孵幼虫长7~8cm，称为三叶幼虫，经一次蜕皮后长成幼鲎，幼鲎则爬向大海，进入浅海中生活。从幼鲎到达性成熟，约需4~5年，蜕皮13~14次。雌雄异形，雌体比雄体大，成年雌体重约4kg，雄体重约1.8kg。

【分布】 为印度洋和太平洋的广布种，我国沿海均有分布。

【现状与保护】 鲎起源于古生代的泥盆纪，早于恐龙和原始鱼类，有“活化石”之称，具有很高的学术研究价值。由于鲎总体资源量少，且性成熟缓慢，受经济利用驱使，滥捕现象时有发生，加上近年来产卵环境不断恶化，资源正在急剧下降。《中国物种红色名录》已列为濒危物种，此外，浙江省列为拟定重点保护野生动物、福建省列为重点保护野生动物。

图154-2　中国鲎*Tachypleus tridentatus* 抢占最后一块产卵地

八/珊瑚类

Corals

a.b.c.d. 珊瑚虫触手捕食　e.f.g. 鹿角珊瑚虫触手捕食前后

珊瑚类（Corals）

为腔肠动物门珊瑚虫纲的一大类群。通常有软珊瑚和硬珊瑚之分。软珊瑚如海葵，其骨骼多发生于体内，常为分散的角质或钙质细骨针。而硬珊瑚的骨骼形成在体表，成分为坚硬的碳酸钙。

平常我们所见的珊瑚标本，如笙珊瑚、鹿角珊瑚、脑珊瑚等，实际上是由成千上万的珊瑚虫死亡以后留下的骨骼堆积而成。珊瑚虫的个体很小，习惯称为个员。身体也可分为触手、口盘、柱体和基盘四个部分，一个群体中的老个员死亡以后，新的个员会“前赴后继”地长在“老一代”残留的骨骼上，如此不断地演替，群体内所形成的石灰质骨骼不断堆积，由此构成珊瑚(标本)的“生长”。如群体越大，生长速度就快，如再能与其他形成钙质骨骼的动植物，如软体动物、腕足动物、棘皮动物、石灰藻等积在一起，经过地质年代的堆积作用，在海洋中就能形成了礁石、岛屿，故这类珊瑚又称为石珊瑚或造礁珊瑚(reef corals)。

不同的珊瑚虫形成的珊瑚标本，其“生长”速度、色泽、质地、形状都有不同，这些都不仅能作为种类鉴定，也是确定市场价格的主要依据。

珊瑚

(155) 日本红珊瑚

Corallium japonicum Kishinouye, 1903

【汉语拼音】 rì běn hóng shān hú 【英文名】 Red coral
【别　　名】 桃色珊瑚
【同物异名】 *Paracorallium japonicum*
【分类地位】 珊瑚虫纲 Anthozoa，柳珊瑚目 Gorgonacea，红珊瑚科 Coralliidae

【形态特征】 群体呈树枝状，由中轴支撑，中轴富含高镁碳酸钙，质地坚固，无带腔的中心孔，外观暗红色。各分枝均在一平面上，扁平扩展如扇，在枝的前面或侧面有短的棘状小枝。分枝很细，表面生有许多水螅体。轴骨骼连续，由不分离融合骨针体组成。皮层骨针体绞盘形，经常变成双茄形或望远镜形。

虫体(个员)呈球状，外观呈白色，具羽状触手8条，触手中央是口，能分泌红色莹润的石灰质骨骼。

【生物与生态学特性】 主要生长在硬底、急流、无沉淀物、水清、低光照，低温(太平洋区为8℃~20℃)的100~400m深处，近年来发现最深可达2 000m。以有性繁殖为主，生长缓慢。

【分布】 分布于日本的伊豆诸岛、小笠原群岛、琉球群岛以及韩国的济州岛。我国主要产于台湾北部、东部沿海、澎湖列岛、台湾浅滩南部和南海诸岛。

【现状与保护】 我国早自唐代开始已将红珊瑚列为药用生物，主治目生翳障、心神不安，心肺郁热等症，有安神镇惊、去翳明目之功效，除药用外，现在主要是制造佛珠、项链或雕刻成工艺品。在国际市场上，珊瑚项链、耳坠等装饰品很受欢迎，但价格昂贵，在各种红珊瑚中，尤以本种的价格最高。现为我国Ⅰ级保护动物。

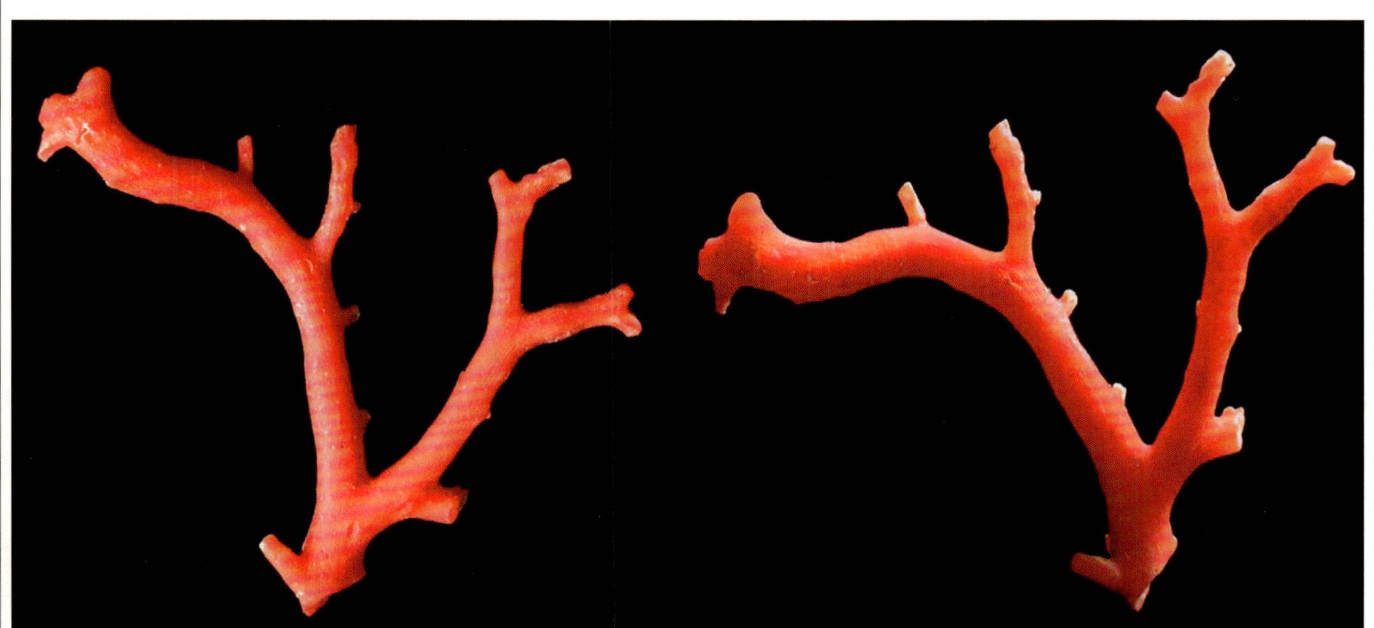

图155　日本红珊瑚*Corallium japonicum*（依http://spirula.seesaa.net/article/15370629.html）

(156) 皮滑红珊瑚

Corallium konojoi Kishinouye, 1903

【汉语拼音】 pí huá hóng shān hú
【英 文 名】 White coral
【别　　名】 白珊瑚
【分类地位】 珊瑚虫纲 Anthozoa、柳珊瑚目 Gorgonacea，红珊瑚科 Coralliidae

【形态特征】 群体呈树枝状，由中轴支撑，中轴富含高镁碳酸钙，质地坚固，无带腔的中心孔，外观白色。轴骨骼连续，由不分离融合骨针体组成。皮层有双茄形骨针和有6~7枚辐突骨针。生活时有8个触手的水螅体呈白色。水螅体收缩成疣，形成丛状，表皮光滑，小分枝末端厚。

【生物与生态学特性】 栖息于西太平洋沿岸，从菲律宾北部至日本南部50~150m的浅海岩底区。

【分布】 主要分布于日本九州岛、四国岛以及北菲律宾群岛。我国产于台湾东岸。

【现状与保护】 现为我国Ⅰ级保护动物。

图156 −1　皮滑红珊瑚*Corallium konojoi*

图156−2　由皮滑红珊瑚*Corallium konojoi*制作而成的各种饰品

(157) 瘦长红珊瑚

Corallium elatius (Ridley, 1882)

【汉语拼音】 shòu cháng hóng shān hú
【英 文 名】 Momo coral, Formosa coral
【别　　名】 粉红珊瑚、桃色珊瑚
【分类地位】 珊瑚虫纲 Anthozoa，柳珊瑚目 Gorgonacea，红珊瑚科 Coralliidae

【形态特征】 群体由中轴支撑，中轴富含高镁碳酸钙，质地坚固，无带腔的中心孔，外观淡红或粉红色。轴骨骼连续，由不分离融合骨针体组成。皮层有双茄形骨针和有6-，7-辐突骨针。生活时有8个触手水螅体呈白色。水螅体收缩时成疣状，均匀分布，不成丛状，有乳突。小分枝末端瘦长。

图157-1 瘦长红珊瑚*Corallium elatius* (依http://www.4riki.com/cont/kira/sango2.htm等)

【生物与生态学特性】 栖息于日本九州岛、五岛列岛一带沿海深水岩底区，水深一般为150~330m。

【分布】 国外分布于日本的伊豆诸岛、小笠原群岛、日本九州岛、五岛列岛以及韩国的济州岛，我国产于台湾、东海和南海。

【现状与保护】 现为我国I级保护动物。

图157-2 用瘦长红珊瑚*Corallium elatius* 制作而成的工艺品a. 海想赠 前川泰山(日)作品 b. 海宝王 上海彩珊红工艺品有限公司作品。

(160) 石芝珊瑚

Fungia fungites (Linnaeus, 1758)

【汉语拼音】 shí zhī shān hú
【英 文 名】 Mushroom coral
【别　　名】 蕈珊瑚
【分类地位】 珊瑚虫纲 Anthozoa，石珊瑚目 Scleractinia，石芝珊瑚科 Fungiidae

【形态特征】 整个珊瑚由一单个大水螅体组成，仅有一个口。珊瑚骨骼盘形、椭圆形或圆形，背面平或凸，随幼体所在环境而变化，其上具短而深的中央窝。由中央窝向周缘密具放射状排列的珊瑚肋，并延伸至腹面，形似散热的"翅片"。珊瑚肋两侧光滑或仅有小颗粒，末缘绝大部分蜕减成背刺。骨骼腹面内凹，腹面中央向下突出，形成一香菇状的"柄"部，附着在岩石上。

生活时为铬黄色、黄褐色、棕色中带有少许绿色。

【生物与生态学特性】 在幼小时，通常在晚上会利用水螅体数十条触手撑在海底，作缓慢运动，借以寻找更合适的生长环境，故有"会走路的珊瑚"之称。

【分布】 我国产于南海和台湾沿岸，国外分布于红海、印度洋-太平洋区域。

【现状与保护】 列入《濒危野生动植物种国际贸易公约》(CITES)附录Ⅱ。

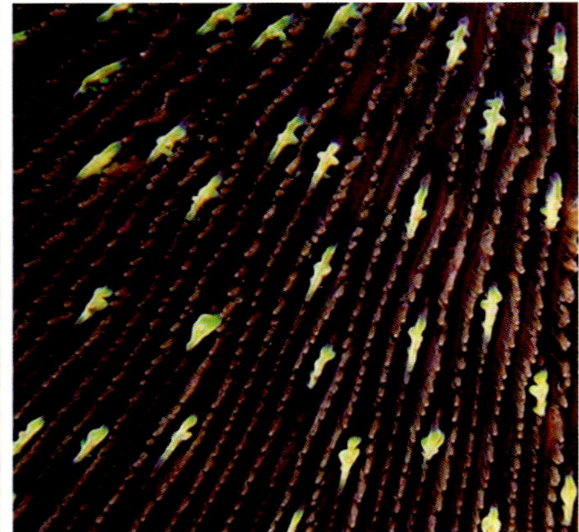

图160-1 石芝珊瑚*Fungia fungites* (依http://www2.aims.gov.au/coralsearch/html/)

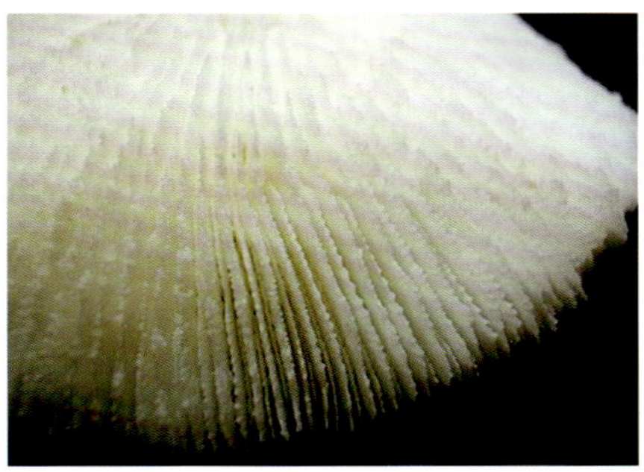

图160-2 石芝珊瑚*Fungia fungites* (依http://upload.wikimedia.org/wikipedia/commons等)

附录1 东海区珍稀水生动物保护或濒危现状(表一)

编号	种　　类	国家保护级别	中国物种红色名录	CITES	IUCN	省级保护动物	其他保护动物
一、鲸类							
1	北太平洋露脊鲸 *Eubalaena japonica*	II级		附录I	濒危		
2	灰鲸 *Eschrichtius robustus*	II级		附录I	低危		
3	大翅鲸 *Megaptera novaeangliae*	II级	极危	附录I	易危		
4	小须鲸 *Balaenoptera acutorostrata*	II级	易危	附录I	低危		
5	布氏鲸 *Balaenoptera brydei*	II级		附录I			
6	塞鲸 *Balaenoptera borealis*	II级	濒危	附录I	濒危		
7	长须鲸 *Balaenoptera physalus*	II级	濒危	附录I	濒危		
8	蓝鲸 *Balaenoptera musculus*	II级	极危	附录I	濒危		
9	抹香鲸 *Physeter macrocephalus*	II级	濒危	附录I	易危		
10	小抹香鲸 *Kogia breviceps*	II级	濒危	附录II	低危		
11	侏抹香鲸 *Kogia sima*	II级	濒危	附录II	低危		
12	拜氏贝喙鲸 *Berardius bairdii*	II级		附录I	低危		
13	鹅喙鲸 *Ziphius cavirostris*	II级		附录II			
14	银杏齿中喙鲸 *Mesoplodon ginkgodens*	II级	易危	附录II			
15	柏氏中喙鲸 *Mesoplodon densirostris*	II级		附录II			
16	糙齿海豚 *Steno bredanensis*	II级	易危	附录II			
17	中华白海豚 *Sousa chinensis*	I级	濒危	附录I			
18	瓶鼻海豚 *Tursiops truncatus*	II级	近危	附录II			
19	印度洋瓶鼻海豚 *Tursiops aduncus*	II级		附录II			
20	热带点斑原海豚 *Stenella attenuata*	II级	易危	附录II	低危		
21	飞旋原海豚 *Stenella longirostris*	II级		附录II	低危		
22	条纹原海豚 *Stenella coeruleoalba*	II级	易危	附录II	低危		
23	短喙真海豚 *Delphinus delphis*	II级	近危	附录II	低危		
24	长吻真海豚 *Delphinus capensis*	II级		附录II	低危		
25	弗氏海豚 *Lagenodelphis hosei*	II级	易危	附录II			
26	太平洋斑纹海豚 *Lagenorhynchus obliquidens*	II级		附录II	低危		
27	里氏海豚 *Grampus griseus*	II级	濒危	附录II			
28	瓜头鲸 *Peponocephala electra*	II级		附录II	低危		
29	小虎鲸 *Feresa attenuata*	II级	易危	附录II			
30	伪虎鲸 *Pseudorca crassidens*	II级		附录II	低危		
31	虎鲸 *Orcinus orca*	II级		附录II	低危		
32	短肢领航鲸 *Globicephala macrorhynchus*	II级		附录II	低危		
33	江豚 *Neophocaena phocaenoides*	II级	濒危	附录I			
二、海兽类							
34	儒艮 *Dugong dugon*	I级	极危	附录I	易危		
35	斑海豹 *Phoca largha*	II级	濒危		低危		
36	环斑小头海豹 *Pusa hispida*	II级	濒危		低危		
37	髯海豹 *Erignathus barbatus*	II级			低危		
38	北海狗 *Callorhinus ursinus*	II级	易危		易危		
39	北海狮 *Eumetopias jubatus*	II级	濒危		濒危		
三、海洋龟类							
40	蠵龟 *Caretta caretta*	II级	极危	附录I	濒危		
41	绿海龟 *Chelonia mydas*	II级	极危	附录I	濒危		
42	太平洋丽龟 *Lepidochelys olivacea*	II级	极危	附录I	濒危		
43	玳瑁 *Eretmochelys imbricata*	II级	极危	附录I	极危		
44	棱皮龟 *Dermochelys coriacea*	II级	极危	附录I	极危		
四、海洋蛇类							
45	扁尾海蛇 *Laticauda laticaudata*		易危				林业部三有名录
46	蓝灰扁尾海蛇 *Laticauda colubrina*						林业部三有名录
47	半环扁尾海蛇 *Laticauda semifasciata*						林业部三有名录

142	褐毛鲿鱼 *Megalonibea fusca*		濒危				
143	松江鲈 *Trachidermus fasciatus*	II级	濒危				
六、贝壳类							
144	鹦鹉螺 *Nautilus pompilius*	I 级					
145	虎斑宝贝 *Cypraea (Cypraea) tigris*	II 级	濒危				
146	冠螺 *Cassis cornuta*	II 级	濒危				
147	杂色鲍 *Haliotis diversicolor*					福建省级保护动物	
148	大竹蛏 *Solen grandis*					福建省级保护动物	
149	双线紫蛤 *Hiatula diphos*					福建省级保护动物	
150	栉江珧 *Atrina (Servatrina) pectinata*					福建省级保护动物	
七、甲壳类							
151	锦绣龙虾 *Panulirus ornatus*		易危			浙江省、福建省级保护动物	
152	波纹龙虾 *Panulirus homarus*		易危			福建省级保护动物	
153	中国龙虾 *Panulirus stimpsoni*		濒危			福建省级保护动物	
154	中国鲎 *Tachypleus tridentatus*		濒危			浙江省、福建省级保护动物	
八、珊瑚类							
155	日本红珊瑚 *Corallium japonicum*	I 级					
156	皮滑红珊瑚 *Corallium konojoi*	I 级					
157	瘦长红珊瑚 *Corallium elatius*	I 级					
158	笙珊瑚 *Tubipora musica*			附录 II			
159	美丽鹿角珊瑚 *Acropora formosa*			附录 II			
160	石芝珊瑚 *Fungia fungites*			附录 II			

附录2 学名索引(表一)

附录3 中文名索引(表二)

附录3 中文名索引(表三)

图书在版编目（CIP）数据

东海区珍稀水生动物图鉴/赵盛龙等著.—上海:同济大学出版社，2009.10

ISBN 978-7-5608-3857-1

Ⅰ.东… Ⅱ.赵… Ⅲ.东海-水生动物：珍稀动物-图集 Ⅳ.Q958.885.3-64

中国版本图书馆CIP数据核字(2009)第103118号

东海区珍稀水生动物图鉴

赵盛龙 等 著

出版策划 //张平官

责任编辑 //姚烨铭

责任校对 //张德胜

装帧设计 //民意设计工作室

出版发行 //全国各地新华书店

印　　刷 //深圳市国际彩印有限公司

版　　次 //2009年10月第1版

印　　次 //2009年10月第1次印刷

开　　本 //889mm×1194mm 1/16

字　　数 //318千

印　　张 //12.5

定　　价 //240.00元

ISBN 978-7-5608-3857-1